计算机专业职业教育实训系列教材

U0384717

平面设计与制作

主　编　冯之洁

参　编　丁　慧　刘雨寒　邵春花

机 械 工 业 出 版 社

本书根据中等职业学校教师和学生的特点以及实际需求，以平面设计的综合实际应用为主线，通过多个精彩实用的案例，全面细致地讲解如何利用Photoshop和CorelDRAW软件完成专业的平面设计项目，每个项目从分析、设计、操作等方面讲解，使学生能够在掌握软件功能和制作技巧的基础上，启发设计灵感，开拓设计思路，提高设计能力，熟练操作技巧，全面掌握平面设计的必要知识和操作技能。

本书主要内容包括导学、设计网络广告、设计报纸广告、设计海报招贴、设计杂志广告、设计DM直邮广告、设计户外广告和平面设计广告的后期输出。

本书可作为各类职业学校平面设计及相关专业的教材，也可作为Photoshop和CorelDRAW初学者及有一定平面设计经验的读者的参考用书，还可作为相关社会培训用书。

本书配有电子课件和素材，选用本书作为教材的教师可登录机械工业出版社教育服务网（www.cmpedu.com）免费注册下载或联系编辑（010-88379194）咨询。

图书在版编目（CIP）数据

平面设计与制作/冯之洁主编. —北京：机械工业出版社，2017.11
计算机专业职业教育实训系列教材
ISBN 978-7-111-57957-1

Ⅰ．①平… Ⅱ．①冯… Ⅲ．①平面设计—图形软件—中等专业学校—教材
Ⅳ．①TP391.412

中国版本图书馆CIP数据核字（2017）第218371号

机械工业出版社（北京市百万庄大街22号　邮政编码100037）
策划编辑：梁　伟　　　责任编辑：李绍坤
版式设计：鞠　杨　　　责任校对：马立婷
封面设计：鞠　杨　　　责任印制：张　博
三河市国英印务有限公司印刷

2017年9月第1版第1次印刷
184mm×260mm · 9.75印张 · 231千字
0 001—1 000 册
标准书号：ISBN 978-7-111-57957-1
定价：27.00 元

凡购本书，如有缺页、倒页、脱页，由本社发行部调换
电话服务　　　　　　　　　　网络服务
服务咨询热线：010-88379833　　机 工 官 网：www.cmpbook.com
　　　　　　　　　　　　　　　机 工 官 博：weibo.com/cmp1952
读者购书热线：010-88379649　　教育服务网：www.cmpedu.com
封面无防伪标均为盗版　　　　金 书 网：www.golden-book.com

前　言

　　Photoshop和CorelDRAW自推出之日起就深受平面设计人员的喜爱，是当今流行的图像处理和矢量图形设计软件，被广泛应用于平面设计、包装装潢、彩色出版等诸多领域。在实际的平面设计和制作工作中，很少有人用单一软件来完成工作。要想出色地完成一件平面设计作品，应该利用不同软件各自的优势，将其巧妙地结合使用。

　　本书采用专业的、优秀的平面设计案例，在每个项目中加入了各类不同广告的基础知识，详细地讲解了运用Photoshop和CorelDRAW软件制作这些案例的流程和技法，并且在每一个项目后都配有拓展任务，能让学生对软件的使用操作得到一定的巩固。在此过程中融入了实践经验以及相关知识，努力做到操作步骤清晰准确，使学生能够在掌握软件功能和制作技巧的基础上，启发设计灵感，开拓设计思路，提高设计能力。

　　本书除导学外分为7个项目，包括导学、设计网络广告、设计报纸广告、设计海报招贴、设计杂志广告、设计DM直邮广告、设计户外广告以及平面设计广告的后期输出。

　　本书参考学时为50学时，参见下表。

项　目	课　程　内　容	学　时　分　配
导学		3
项目1	设计网络广告	9
项目2	设计报纸广告	7
项目3	设计海报招贴	10
项目4	设计杂志广告	6
项目5	设计DM直邮广告	6
项目6	设计户外广告	6
项目7	平面设计广告的后期输出	3
总计		50

　　本书由冯之洁任主编，参加编写的还有丁慧、刘雨寒和邵春花。

　　由于时间仓促，加之编者水平有限，书中难免存在错误和不妥之处，敬请广大读者批评指正。

编　者

目　录

导　学

1. 平面设计的基本概念

1922年，美国人威廉·阿迪逊·德威金斯最早提出和使用了"平面设计"（Graphic Design）这个词语。20世纪70年代，设计艺术得到了充分发展，"平面设计"成为国际设计界认可的术语。

平面设计是一个包含经济学、信息学、心理学和设计学等领域的创造性视觉艺术科学。它通过二维空间进行表现，通过图形、文字、色彩等元素的编排和设计来进行视觉沟通和信息传达。平面设计师可以利用专业知识和技术来完成创作计划。

2. 平面设计的项目分类

目前常见的平面设计项目，可以归纳为七大类：广告设计、书籍设计、刊物设计、包装设计、网页设计、标志设计和VI设计。

（1）广告设计

在现代社会中，信息传递的速度日益加快，传播方式多种多样。广告凭借着各种信息传递媒介充斥着人们日常生活的方方面面，已成为社会生活中不可缺少的一部分。与此同时，广告艺术也是凭借着异彩纷呈的表现形式、丰富多彩的内容信息以及快捷便利的传播条件，强有力地冲击着人们的视听神经。

广告（AD，Advertisement）最早从拉丁文Adverture演化而来，其含义是"吸引人注意"。通俗来讲，广告即广而告之。不仅如此，广告还同时包含两方面的含义，从广义上讲，是指向公众通知某一件事并最终达到广而告之的目的；从狭义上讲，广告主要指赢利性的广告，即广告主为了某种特定的需要，通过一定形式的媒介，耗费一定的费用，公开而广泛地向公众传递某种信息并最终从中获利的宣传手段。

平面广告设计是通过图像、文字、色彩、版面、图形等视觉元素，结合广告媒体的使用特征构成的艺术表现形式，是为了实现传达广告目的和意图的艺术创意设计。

平面广告的类别主要包括DM直邮广告、POP广告、杂志广告、报纸广告、招贴广告、网络广告和户外广告等。广告设计的效果，如图0-1所示。

（2）书籍设计

书籍是人类思想交流、知识传播、经验宣传、文化积累的重要依托，承载着古今中外的智慧和结晶，而书籍设计的艺术领域更是丰富多彩。

书籍设计（Book Design）又称书籍装帧设计，是指书籍的整体策划及造型设计。策划和设计过程包含了印前、印中、印后对书的形态与传达效果的分析。它包括的内容很多，有开本、封面、扉页、字体、版面、插图、护封以及纸张、印刷、装订和材料的艺术设计。书籍设计属于平面设计的范畴。

关于书籍的分类有许多种方法，但由于标准不同，分类也就不同。一般而言，按书籍的内容涉及的范围来分类，可分为文学艺术类、少儿动漫类、生活休闲类、人文科学类、科学技术类、经营管理类和医疗教育类等。书籍设计的效果，如图0-2所示。

图　0-1

图　0-2

（3）刊物设计

作为定期或不定期的出版物，刊物是经过装订、带有封面的期刊杂志，同时也是大众类印刷媒体之一。这种媒体形式最早出现在德国，但在当时，期刊杂志与报纸并无太大区别。随着科技的发展和生活水平的不断提高，期刊杂志开始与报纸越来越不一样，其内容也更加偏重专题、质量、深度，而非时效性。

期刊杂志的读者群体有其特定性和固定性，所以期刊杂志媒体对特定的人群更具有针对性，例如，进行专业性较强的行业信息交流等。正是由于这种特点，期刊杂志内容的传播效率相对比较高。同时，由于期刊杂志大多为月刊和半月刊，注重对内容质量的打造，所以比报纸的保存时间要长很多。

杂志广告在设计时所依据的规格主要参照杂志的样本和开本，其设计的艺术风格、设计元素和设计色彩都要和刊物本身的定位相呼应。由于期刊杂志一般会选用质量较好的纸张进行印刷，所以图片印刷质量高、细腻光滑，画面图像的印刷工艺精美、还原效果好、视觉形象清晰。

期刊杂志类媒体分为消费者期刊杂志、专业性期刊杂志、行业性期刊杂志等不同类别，具体包括财经杂志、IT杂志、动漫杂志、家居杂志、健康杂志、教育杂志、旅游杂志、美食杂志、汽车杂志、人物杂志、时尚杂志和数码杂志等。刊物设计的效果，如图0-3所示。

图　0-3

（4）包装设计

包装设计是艺术设计与科学技术相结合的设计，是技术、艺术、设计、材料、经济、管理、心理、市场等多功能综合要素的体现，是多学科融合贯通的一门综合学科。

广义的包装设计是指包装的整体策划工程，其主要内容包括方法的设计、包装材料的设计、视觉传达设计、包装机械的设计与应用、包装实验、包装成本的设计及包装的管理等。

狭义的包装设计是指选用适合商品的包装材料，运用巧妙的制造工艺手段，为商品进行容器结构功能化设计和形象化视觉造型设计，使之利于整合容纳、保护产品、方便储运、优化形象、传达属性和促进销售之功效。

包装设计按商品内容分类，可以分为日用品包装、食品包装、烟酒包装、化妆品包装、医药包装、文体包装、工艺品包装、化学品包装、五金家电包装、纺织品包装、儿童玩具包装和土特产包装等。包装设计的效果，如图0-4所示。

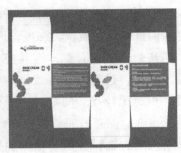

图　0-4

（5）网页设计

网页设计是根据网站所要表达的主旨，将网站信息进行整合归纳后进行的版面编排和美化设计。通过网页设计，让网页信息更有条理，页面更具有美感，从而提高网页的信息传达和阅读效率。对于网页设计者来说，要掌握平面设计的基础理论和设计技巧、熟悉网页配色、网站风格、网页制作技术等网站设计知识，创造出符合项目设计需求的艺术化和人性化网页。

根据网页的不同属性，可将网页分为商业性网页、综合性网页、娱乐性网页、文化性网页、行业性网页和区域性网页等类型。网页设计的效果，如图0-5所示。

图　0-5

（6）标志设计

标志是具有象征性意义的视觉符号。它借助图形和文字的巧妙设计组合，艺术地传递出某种信息，表达某种特殊的含义。标志设计是将具体的事物和抽象的精神通过特定的图形和符号固定下来，使人们在看到标志设计的同时自然地产生联想，从而对企业产生认同。对于一个企业而言，标志渗透到了企业运营的各个环节，例如，日常经营活动、广告宣传、对外交流、文化建设等。标志作为企业的无形资产，它的价值随同企业的增值不断累积壮大。

标志按功能分类可以分为政府标志、机构标志、城市标志、商业标志、纪念标志、文化标志、环境标志和交通标志等。标志设计的效果，如图0-6所示。

图 0-6

（7）VI设计

VI设计即企业视觉识别（Visual Identity），是指以建立企业的理念识别为基础，将企业理念、企业使命、企业价值观经营概念变为静态的具体识别符号，并进行具体化、视觉化的传播。具体化的传播指通过各种媒体将企业形象广告、标志、产品包装等有计划地传递给社会公众，树立企业整体统一的识别形象。

VI是企业形象（CI，Corporate Identity）中项目最多、层面最广、效果最直接的向社会传递信息的部分，最具有传播力和感染力，也最容易被公众所接受，短期内获得影响也最明显。社会公众可以一目了然地掌握企业的信息，产生认同感，进而达到企业识别的目的。VI能使企业及产品在市场中获得较强的竞争力。

VI（视觉识别）主要由两大部分组成，即基础识别部分和应用识别部分。其中，基础识别部分主要包括企业标志设计、标准字体与印刷专用字体设计、色彩系统设计、辅助图形、品牌角色（吉祥物）等。应用识别部分包括办公系统、标识系统、广告系统、旗帜系统、服饰系统、交通系统、展示系统等。VI（视觉识别）设计效果，如图0-7所示。

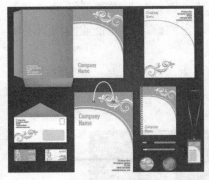

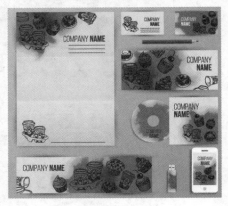

图 0-7

3．平面设计的基本要素

平面设计作品的基本要素主要包括图形、文字及色彩3个要素。这3个要素的组合组成了一组完整的平面设计作品。每个要素在平面设计作品中都起到了举足轻重的作用。3个要素之间的相互影响和各种不同变化都会使平面设计作品产生更加丰富的视觉效果。

（1）图形

通常，人们在制作平面设计作品的时候，首先注意到的是图片，其次是标题，最后才是正文。如果说标题和正文作为符号化的文字受地域和语言背景限制，那么图形信息的传递则不受国家、民族、种族语言的限制，它是一种通行于世界的语言，具有广泛的传播性。因此，图形创意策划的选择直接关系到平面设计作品的成败。图形的设计也是整个设计内容最直观的体现，它最大限度地表现了作品的主题和内涵。图形设计的效果，如图0-8所示。

（2）文字

文字是最基本的信息传递符号。在平面设计工作中，相对于图形而言文字的设计安排也占有相当重要的地位，是体现内容传播功能最直接的形式。在平面设计作品中，文字的文体造型和构图编排恰当与否都直接影响到作品的诉求效果和视觉表现力。文字设计的效果，如图0-9所示。

 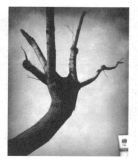  

图 0-8

图 0-9

（3）色彩

平面设计作品给人的整体感受取决于作品画面的整体色彩。色彩作为平面设计组成的重要因素之一，色彩的色调与搭配受宣传主题、企业形象、推广地域等因素的共同影响。因此，在平面设计中要考虑消费者对颜色的一些固定心理感受以及相关的地域文化。色彩设计的效果，如图0-10所示。

 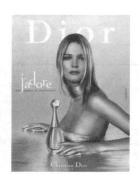  

图 0-10

4．平面设计的常用尺寸

在设计制作平面设计作品之前，平面设计师一定要了解并掌握印刷常用纸张开数和常见开本尺寸，还要熟悉常用的平面设计作品尺寸。下面介绍相关内容。

（1）印刷常用纸张开数

印刷常用纸张开数，见表0-1。

表0-1　印刷常用纸张开数

正度纸张：787mm×1092mm		大度纸张：889mm×1194mm	
开数/正	尺寸/mm	开数/开	尺寸/mm
全开	781×1086	全开	844×1162
2开	530×760	2开	581×844
3开	362×781	3开	387×844
4开	390×564	4开	422×581
6开	362×390	6开	387×422
8开	271×390	8开	290×422
16开	195×271	16开	211×290
32开	135×195	32开	211×145
64开	97×135	64开	105×145

（2）印刷常见开本尺寸

印刷常见开本尺寸，见表0-2。

表0-2　印刷常见开本尺寸

正度开本：787mm×1092mm		大度开本：889mm×1194mm	
开数/正	尺寸/mm	开数/开	尺寸/mm
2开	520×740	2开	570×840
4开	370×520	4开	420×570
8开	260×370	8开	285×420
16开	185×260	16开	210×285
32开	185×130	32开	220×142
64开	92×130	64开	110×142

（3）名片设计的常用尺寸

名片设计的常用尺寸，见表0-3。

表0-3　名片设计的常用尺寸

类　别	方角/mm	圆角/mm
横版	90×55	85×54
竖版	50×90	54×85
方版	90×90	90×95

（4）其他设计的常用尺寸

其他设计的常用尺寸，见表0-4。

表0-4　其他设计的常用尺寸

类　　别	标准尺寸/mm	4开/mm	8开/mm	16开/mm
招贴画	540×380			
普通宣传册				210×285
三折页广告				210×285
手提袋	400×285×80			
文件封套	220×305			
信纸、便条	185×260			210×285
挂旗		540×380	376×265	
IC卡	85×54			

5．平面设计软件的应用

目前在平面设计工作中，经常使用的主流软件有Photoshop、Illustrator、InDesign和CorelDRAW，这4款软件每一款都有其功能特色。要想根据创意制作出完美的平面设计作品，就需要熟练使用这4款软件，并能很好地利用不同软件的优势，将其巧妙地结合使用。

（1）Photoshop

Photoshop是Adobe公司出品的功能最强大的图像处理软件之一，是集编辑修饰、制作处理、创意编排、图像输入与输出于一体的图形图像处理软件，深受平面设计人员和摄影爱好者的喜爱。Photoshop通过软件版本升级，使功能不断完善，已经成为迄今为止世界上最畅销的图像处理软件，成为许多图像处理相关行业的标准。Photoshop软件启动界面，如图0-11所示。

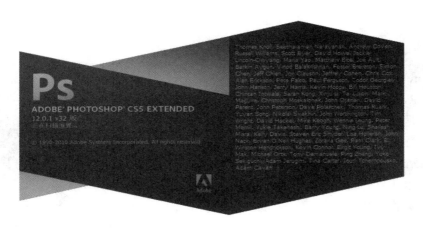

图　0-11

Photoshop的主要功能包括绘制和编辑选区、绘制和修饰图像、绘制图像及路径、调整图像的色彩和色调、图层的应用、文字的使用、通道和蒙版的使用、滤镜及动作的应用。这些功能可以全面地辅助平面设计作品的创意与制作。

Photoshop适合完成的平面设计任务包括图像抠像、图像调色、图像特效、文字特效和插图设计等。

（2）Illustrator

Illustrator是美国Adobe公司推出的专业矢量绘图工具，是出版、多媒体和在线图像的工业标准矢量插画软件。Adobe Illustrator的应用人群主要包括印刷出版线稿的设计者和专业插画家、多媒体图像的艺术家和互联网网页或在线内容的制作者。Illustrator软件启动界面，如图0-12所示。

Illustrator的主要功能包括图形的绘制和编辑、路径的绘制和编辑、图像对象的组织、颜色填充与描边编辑、样式外观与效果的使用等。这些功能可以全面地辅助平面设计作品的创意与制作。

Illustrator适合完成的平面设计任务包括插图设计、标志设计、字体设计、图表设计、单位页设计排版和折页设计排版等。

图 0-12

（3）CorelDRAW

CorelDRAW是加拿大Corel公司的平面设计软件，该软件是Corel公司出品的矢量图形制作工具软件，这个图形工具给设计师提供了矢量动画、页面设计、网站制作、位图编辑和网页动画等多种功能。CorelDRAW软件启动界面，如图0-13所示。这些功能都可以平面地辅助平面设计作品的创意与排版制作。

CorelDRAW适合完成的平面设计任务包括图标设计、单页排版、折页排版、广告设计、报纸设计、杂志设计和书籍设计等。

图 0-13

6．平面设计的工作流程

平面设计的工作流程是一个有明确目标、有正确理念、有负责态度、有周密计划、有清晰步骤和有具体方法的工作过程，好的设计作品都是在完美的工作流程中产生的。

（1）信息交流

客户提出设计项目的构想和工作要求，并提供项目相关文体和图片资料，包括公司介绍、项目描述和基本要求等。

（2）调研分析

根据客户提出的设计构思和要求，以及提供的项目相关文体和图片资料，对客户的设计需求进行分析，并对客户同行或同类型的设计产品进行市场调研。

（3）草稿讨论

根据已经做好的分析和调研，组织设计团队，依据创意构想设计出项目的创意草稿并制作出样稿。拜访客户，双方就设计的草稿内容进行沟通讨论：就双方的设想，根据需要补充相关资料，达成设计构想上的共识。

（4）签订合同

在双方就设计草稿达成共识后，双方确认设计的具体细节、设计报价和完成视觉效果，双方签订《设计协议书》，客户支付项目预付款，设计工作正式展开。

（5）提案讨论

由设计师团队根据前期的市场调研和客户需求，结合双方草稿讨论的意见，开始设计方案的策划、设计和制作工作。一般要完成三个设计方案，提交给客户选择。拜访客户，与客户开会讨论提案，客户根据提案作品提出修改建议进行更细致的调整，使方案顺利完成。

（6）修改完善

根据提案会议的讨论内容和修改意见，设计师团队对客户基本满意的方案进行修改调整，进一步完善整体设计，并提交客户进行确认，对客户提出的细节修改进行更细致的调整，使方案顺利完成。

（7）验收完成

在设计项目完成后，设计方和客户一起对完成的设计项目进行验收，并要求客户在设计合格确认书上签字。客户按协议书规定支付项目设计余款，设计方将项目制作文件提交给客户，整个项目执行完成。

（8）后期制作

在设计项目完成后，客户可能需要设计方进行设计项目的印刷包装等后期制作工作，如果设计方承接了后期制作工作，则需要和客户签订详细的后期制作合同，并执行好后期的制作工作，给客户提供满意的印刷和包装成品。

7. 常用设计软件介绍

（1）图像处理软件Photoshop

Photoshop是Adobe公司最为出名的图像处理软件之一，如图0-14所示。Photoshop在图像、图形、文字、视频和出版等方面都有涉及，常用于平面设计、影楼后期、数字绘图等领域。在平面广告的设计中，Photoshop常用来处理素材图片，制作各种艺术效果，以其强大的功能、灵活的操作风格、炫目缤纷的艺术特效得到广泛的使用，如图0-15所示。

图　0-14　　　　　　　　　　　图　0-15

（2）矢量绘图软件Illustrator

Illustrator是Adobe公司的一款非常优秀的矢量绘图软件，如图0-16所示。它对线条的控制极为出色，可以很方便地绘制出高精度的线条和图形。Illustrator常用于标志设计、包装设计以及绘画创作等。Illustrator可以输出多种格式的文件，与Photoshop、Flash等软件搭配使用，可以创造出许多美轮美奂的艺术效果，如图0-17所示。

图　0-16　　　　　　　　　　　图　0-17

（3）矢量绘图排版软件CorelDRAW

CorelDRAW是一款综合性的矢量绘图软件，如图0-18所示。它在标志设计、模型绘制、插画、排版、分色输出等诸多领域内都有广泛的使用。CorelDRAW包含矢量图设计程序和图像编辑程序。它可以在一个软件内进行矢量图与位图的交互设计。此外，CorelDRAW还具备排版功能，使得用户极大地避免了多种软件交换所带来的麻烦，为设计工作带来了极大的便利，如图0-19所示。

（4）专业排版软件InDesign

InDesign是Adobe公司定位于专业排版领域的设计软件，如图0-20所示。它可以灵活地处理图片与文字，将图像、字型、印刷、色彩管理等多种技术集成一体，从而实现了快速、直观的桌面打印系统。InDesign对PSD、JPEG、AI等多种文件格式都具有良好的兼容性，常用于书籍、画册、出片等领域中，如图0-21所示。

图 0-18

图 0-19

图 0-20

　　一个高级的编辑或设计不仅要学会如何排版，而且要学会如何将版面排得美观、漂亮。要想达到这一目标首先必须了解正文版式的设计。

　　书刊正文必须按照书刊的内容进行设计，不同性质的刊物应该有不同的特点。政治性的刊物，要端庄大方；文艺性的刊物，要清新高雅，生活消遣性的刊物，要活泼花梢。不同对象的刊物，也要在技术上作不同的处理。给文化水平低的人看的书字体不妨大一点，例如：儿童看的书字体要字大行距要疏一些，即采用疏排的方法。给青年人看的书可字小行距密一些。杂志中不同的文章最好字体有所变化，尤其在设计版式及标题时更要注意，比较重要的文章标题必须要排得十分醒目。

图 0-21

项目1　设计网络广告

网络广告是企业及个人通过互联网发布商品信息或其他信息的媒体形式，也称为互联网广告。随着科技的不断进步，网络广告已发展到与人们的生活不可分割的地步，这种媒体不仅无处不在，而且更容易让人接受，其设计、制作的特点也与传统广告大为不同。

知识准备

1. 网络广告的表现形式

（1）旗帜广告

网络媒体在自己网站的页面中分割出一定大小的画面用以发布广告，因为这种广告分割的外形像一面旗帜，所以称为旗帜广告。旗帜广告允许客户用极为简练的语言和图片介绍企业的商品或企业网络，使浏览者希望看到广告主想要传递的更详细的信息。为了吸引更多的浏览者关注，旗帜广告在表现形式上经历了由静态向动态的演变历程，如图1-1～图1-3所示。

图　1-1

图　1-2

图　1-3

（2）按钮广告

按钮广告是网络广告最早、也是最常见的表现形式。它的显示内容只用于公司、品牌和产品的标志，单击按钮可以直接跳转到广告主的主页或者网站，如图1-4～图1-6所示。

（3）主页广告

主页广告是指将企业所要发布的信息内容按类别制作成主页，放置在网络服务商的站点或企业自己建立的站点上。这种广告能够详细地介绍广告主所要发布的各种信息，如主要产品与技术特点、商品订单、企业营销发展规划、企业联盟、主要经营业绩、年度财务报告、联系办法和售后服务措施等，从而让用户全方位地了解、体验企业及其产品和业务，如图1-7～图1-9所示。

图　1-4

图　1-5

图　1-6

图　1-7

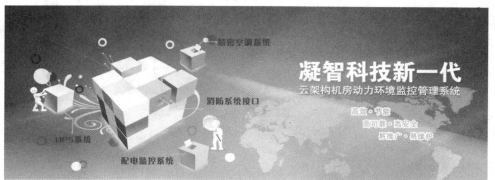

图　1-8

图　1-9

（4）分类广告

网站中的分类广告与报纸中的分类广告较为相似，是指通过一种专门提供广告信息的站点来发布广告，在网络站点中提供了按照企业名录或产品目录等方法可以分类检索的深度广告信息。这种形式的广告对于那些因目的性很强而查找广告信息的访问者，是一种既方便又快捷且有效的途径，如图1-10所示。

图　1-10

（5）文字广告

这种广告形式采用文字标识的方式，往往会选择放置在热门网站的Web页上，广告内容一般是企业的名称或Logo，单击后可链接到广告主的网站上。文字广告一般会出现在网站的分类栏目中，其标题显示相关的查询关键词，所以这种广告形式也可以称为商业服务专栏目录广告，如图1-11和图1-12所示。

图　1-11　　　　　　　　　　　　　　　　　　　图　1-12

（6）电子邮件广告

电子邮件广告形式是利用网站电子刊物服务中的电子邮件列表，将广告加载在读者所订阅的电子刊物中，发送至相应的邮箱用户。这种广告有多种表现形式，如按钮、旗帜和文字等。文字格式的广告是指一段叙述性文字下面链接产品网站或该广告网页。这种广告的特点是传输速度快，各种电子邮件软件都能接收并阅读，但其缺点是表现方式较为单调、乏味。

2. 网络广告的设计要领

网络广告整体设计要满足以下几点要求。

1）信息真实可信、传达准确。

2）图形和文字的创意新颖。

3）广告的主题要十分突出，使人能够迅速理解广告的内涵。

4）广告的布局合理，色彩、图形、动画相互协调。

3. 网络广告设计中的注意事项

在网络广告的设计中，设计师需要注意到以下4个比较常见的问题。

1）编排设计：编排设计能否反映出广告的目的，能否遵守自然的阅读顺序，品牌印象是否突出，是否更吸引人或更容易阅读等。

2）标题：标题含义是否明确，标题是否承诺了一项利益点，标题与图片是否相辅相成，标题是否提到产品所能解决的问题，标题是否包含了具有新闻价值的消息。

3）图片：图片的大小是否合适，是否可以示范产品，是否具有出人意料的视觉效果等。

4）颜色：颜色是否与广告主题吻合，是否便于查看等。

任务1　设计豆浆机广告

任务情景

本例是为豆浆机厂商设计制作的豆浆机销售广告，主要以体现产品所用的材质、配件和功能为主。在广告设计上要求能通过产品图像和文字说明表现出产品的主要特点和强大的功能特色。

任务分析

在设计制作过程中先从背景入手，通过背景图片和产品图片展示出产品吸引人的特质。通过将产品放大形成视觉的中心，突出主题。通过对文字的编排设计使整个画面醒目突出，识别性强，给人一种清新、自如的感觉。豆浆机广告的最终效果，如图1-13所示。

图 1-13

 操作步骤

Photoshop应用

（1）制作背景图效果

步骤1　按<Ctrl+N>组合键新建一个文件：宽度为40cm，高度为17cm，分辨率为100像素/英寸，颜色模式为RGB，背景内容为白色，单击"确定"按钮。

步骤2　按<Ctrl+O>组合键打开"素材01"文件，选择"移动"工具，将"01图片"拖曳到图像窗口中的适当位置，在"图层"面板中生成新的图层并将其命名为"场地"，图像效果，如图1-14所示。

图 1-14

步骤3　选择"滤镜"→"渲染"→"镜头光晕"命令，在弹出的"镜头光晕"对话框中进行设置，如图1-15所示。单击"确定"按钮，效果如图1-16所示。

图 1-15

图 1-16

步骤4　单击"图层"面板下方的"创建新的填充或调整图层"按钮，在弹出的快捷菜单中选择"色调"命令，在"图层"面板中生成"色阶1"图层，同时在弹出的"色阶"面板中进行设置，如图1-17所示。按<Enter>键确认操作，图像效果，如图1-18所示。

步骤5　按<Ctrl+O>组合键，打开"03图片"，选择"移动"工具，将"03图片"拖曳到图像窗口的适当位置，并调整其大小，在"图层"面板中生成新的图层并将其命名为"黄豆"。按<Ctrl+T>组合键，在控制框中单击鼠标右键，在弹出的快捷键菜单中选择"水平翻转"命令，将图像水平翻转并向右移动。按<Enter>键确认操作，图像效果，如图1-19所示。

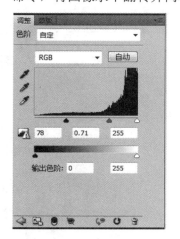

图　1-17

图　1-18

图　1-19

步骤6　单击"图层"面板下方的"添加图层蒙版"按钮，为"黄豆"图层添加蒙版，如图1-20所示。选择"画笔"工具，在属性栏中单击"画笔"选项右侧的按钮，弹出画笔选择面板，在面板中选择需要的画笔形状，如图1-21所示。在图像窗口中进行涂抹，涂抹区域被隐藏，效果如图1-22所示。

步骤7　按<Ctrl+O>组合键，打开"02图片"，选择"移动"工具，将"02图片"拖曳到图像窗口的适当位置，并调整其大小，效果如图1-23所示。在"图层"面板中生成新的图层并将其命名为"豆浆机"。

步骤8　单击"图层"面板下方的"添加图层样式"按钮，在弹出的快捷菜单中选择"投影"命令，弹出对话框，选项的设置如图1-24所示。单击"确定"按钮，效果如图1-25所示。按<Ctrl+Shift+E>组合键使图层可见。按<Ctrl+Shift+S>组合键，打开"储存为"对话框，将其命名为"豆浆机广告背景图"，保存图像为TIFF格式，单击"保存"按钮将图像保存。

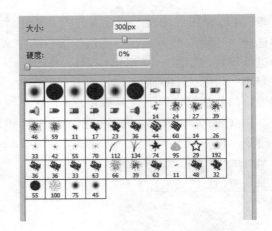

图　1-20　　　　　　　　　　　　　图　1-21

图　1-22

图　1-23

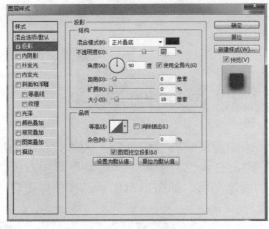

图　1-24

图　1-25

CorelDRAW应用

（2）添加文字

步骤1　按<Ctrl+N>组合键新建一个页面。在属性栏的"纸张宽度和高度"选项中分别设置宽度为400mm，高度为170mm，按<Enter>键确认操作，页面尺寸显示为设置大小。按<Ctrl+I>组合键，打开"导入"对话框，选择"豆浆机广告背景图"图片，单击"导入"按钮，在页面中单击导入图片，并将其拖曳到适当的位置，效果如图1-26所示。

图 1-26

步骤2 选择"文本"工具，在页面中分别输入需要的文字。选择"挑选"工具，在属性栏中选取适当的字体并设置文字大小。选择"形状"工具，向左拖曳文字下方的图标，调整文字的间距，效果如图1-27所示。设置填充颜色的CMYK值为60、0、100、30，填充文字，效果如图1-28所示。

七宝豆浆机 植物豆浆系列	七宝豆浆机 植物豆浆系列
图 1-27	图 1-28

步骤3 选择"文本"工具，在页面中输入需要的文字。选择"挑选"工具，在属性栏中选取适当的字体并设置文字大小。设置填充颜色的CMYK值为60、0、100、30，填充文字，效果如图1-29所示。

步骤4 选择"文本"工具，在页面中输入需要的文字。选择"挑选"工具，在属性栏中选取适当的字体并设置文字大小。设置填充颜色的CMYK值为60、0、100、30，填充文字，效果如图1-30所示。

七宝豆浆机 植物豆浆系列 QZ57B-D11D	七宝豆浆机 植物豆浆系列 QZ57B-D11D 1000~1350ml/3~5人使用 功能：煮豆浆 果汁 各类水果茶
图 1-29	图 1-30

步骤5 选择"矩形"工具，在属性栏中将矩形上下左右4个角的"边角圆滑度"均设为35，在页面中绘制一个圆角矩形，设置图像填充颜色的CMYK值为60、0、100、30，填充图形并去除图形的轮廓线，效果如图1-31所示。

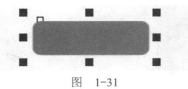

图 1-31

步骤6 选择"贝塞尔"工具，在圆角矩形中绘制一个三角形，在"CMYK调色板"中的"白"色块上单击鼠标左键，填充图形并去除图形的轮廓线，效果如图1-32所示。

步骤7 选择"挑选"工具，在数字键盘上按<+>键复制一个图形。单击属性栏中的"垂直镜像"按钮，垂直旋转复制图形，并将其垂直向下拖曳到适当的位置，效果如图

1-33所示。

步骤8 选择"文本"工具 ，输入需要的文字。选择"挑选"工具 ，在属性栏中选取适当的字体并设置文字大小，填充文字为白色，效果如图1-34所示。

图 1-32   图 1-33   图 1-34

（3）绘制装饰图形

步骤1 选择"椭圆形"工具 ，按住〈Ctrl〉键的同时，在页面中适当的位置绘制一个正圆形，如图1-35所示。在"CMYK"中的"白"色块上单击鼠标左键，填充图形并去除图形的轮廓线，效果如图1-36所示。选择"挑选"工具 ，按住〈Shift〉键的同时，向内拖曳图形右上方的控制手柄将其缩小。在"CMYK调色板"中的"30%黑"色块上单击鼠标左键填充图形，效果如图1-37所示。

图 1-35   图 1-36   图 1-37

步骤2 按〈Ctrl+1〉组合键，打开"导入"对话框，选择"04图片"，单击"导入"按钮，在页面中单击导入图片，拖曳图片到适当的位置并调整其大小，按〈Ctrl+PageDown〉组合键将导入的文件后移一层，选择"效果"→"图框精确剪裁"→"放置在容器中"命令，鼠标指针变为黑色键头，在图像上单击，将图片置入图形中，效果如图1-38所示。

图 1-38

步骤3 按〈Ctrl+1〉组合键，打开"导入"对话框，选择"05图片"和"06图片"，单击"导入"按钮，分别在页面中单击导入图片，用上述相同的方法制作出如图1-39所示的效果。豆浆机广告制作完成，效果如图1-40所示。

图　1-39

图　1-40

任务2　设计平板式计算机广告

任务情景

平板式计算机是一种小型、方便携带的个人计算机，以触摸屏作为基本的新兴输入设备。本例是为平板式计算机制作的销售报纸广告。在广告设计上要求在突出产品特色的同时，也能充分展示销售的亮点。

任务分析

在设计制作过程中先从背景入手，通过蓝天白云、地图和高楼大厦背景图之间的有力融合，给人以科技感和现代感。通过将产品图片作为广告的主体展示出产品超强的功能，形成强烈的视觉冲击力，让人印象深刻。通过文字的编排给人条理清晰、主次分明的印象。平板式计算机广告的最终效果，如图1-41所示。

图　1-41

操作步骤

Photoshop应用

（1）制作背景图效果

步骤1　按<Ctrl+N>组合键，新建一个文件：宽度为40cm，高度为17cm，分辨率为150像素/英寸，颜色模式为RGB，背景内容为白色，单击"确定"按钮。

步骤2　按<Ctrl+O>组合键打开"素材01"文件，选择"移动"工具 ，将素材图片拖曳到图像窗口中适当的位置，效果如图1-42所示。在"图层"面板中生成新的图层并将其命名为"背景"。

步骤3　将前景色设为黑色。新建图层并将其命名为"黑色矩形"。选择"矩形选框"工具 ，在图像窗口中绘制矩形选区，如图1-43所示。

图　1-42　　　　　　　　　　　　　　图　1-43

步骤4　按<Alt+Delete>组合键，用前景色填充选区，按<Ctrl+D>组合键取消选区，效果如图1-44所示。按<Ctrl+O>组合键，打开"素材03"文件，选择"移动"工具 ，将城市图片拖曳到图像窗口中并调整大小，效果如图1-45所示。在"图层"面板中生成新的图层并将其命名为"城市"。

图　1-44

图　1-45

步骤5　在"图层"面板中，按住<Alt>键的同时，将鼠标放在"黑色矩形"图层和"城市"图层的中间，鼠标指针变为▪图标，单击鼠标右键，创建剪贴蒙版，图像窗口中的显示效果，如图1-46所示。

图　1-46

步骤6　按<Ctrl+O>组合键，打开"素材02"文件。选择"移动"工具▸┿，将平板式计算机图片拖曳到图像窗口中，效果如图1-47所示。在"图层"面板中生成新的图层将其命名为"平板式计算机"。

图　1-47

步骤7　单击"图层"面板下的"添加图层样式"按钮ƒx，在弹出的快捷菜单中选择"投影"命令，在弹出的对话框中进行设置，如图1-48所示。单击"确定"按钮，效果如图1-49所示。

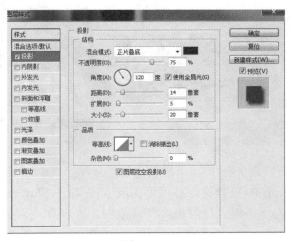

图　1-48

图 1-49

步骤8 选择"滤镜"→"渲染"→"镜头光晕"命令,在弹出的"镜头光晕"对话框中进行设置,如图1-50所示。单击"确定"按钮,效果如图1-51所示。

图 1-50

图 1-51

步骤9 按<Ctrl+Shift+E>组合键合并可见图层,按<Ctrl+Shift+S>组合键,弹出"存储为"对话框,将其命名为"平板式计算机广告背景图",保存图像为TIFF格式,单击"保存"按钮,将图像保存。

CorelDRAW应用

（2）添加文字

步骤1　按<Ctrl+N>组合键，新建一个页面。在属性栏的"纸张宽度和高度"选项中分别设置宽度为400mm，高度为140mm，按<Enter>键确认操作，页面尺寸显示为设置的大小。按<Ctrl+I>组合键，弹出"导入"对话框，选择之前已经完成的"平板式计算机广告背景图"素材文件，单击"导入"按钮，在页面中单击导入图片，按<P>键，图片居中对齐页面，效果如图1-52所示。

图　1-52

步骤2　选择"文本"工具字，在页面中适当的位置输入需要的文字。选择"挑选"工具，在属性栏中选择合适的字体并设置文字大小。单击"文本"属性栏中的"粗体"按钮，为文字加粗，效果如图1-53所示。

图　1-53

步骤3　选择"文本"工具字，分别输入需要的文字。选择"挑选"工具，在属性栏中分别选择合适的字体并设置文字大小。选择输入的文字，分别单击"文本"属性栏中的"粗体"按钮和"斜体"按钮，为文字添加加粗与倾斜效果，如图1-54所示。选择"文本"工具字，输入需要的文字。选择"挑选"工具，在属性栏中选择合适的字体并设置文字大小，如图1-55所示。

图　1-54

图　1-55

步骤4　选择"挑选"工具，选择需要的文字，再次单击文字，周围出现变换选框，将鼠标指针移动到倾斜控制点上，指针变为倾斜符号，如图1-56所示。向右拖曳鼠标，使文字倾斜，效果如图1-57所示。

图　1-56　　　　　　　　　　　　　　　图　1-57

　　步骤5　选择"文本"工具字，在绘图页面中适当的位置分别输入需要的文字。选择"挑选"工具，在属性栏中分别选择合适的字体并设置文字大小，选取需要的文字，单击"文本"属性栏中的"粗体"按钮，为文字加粗，如图1-58所示。平板式计算机广告制作完成，效果如图1-59所示。

图　1-58

图　1-59

 拓展任务1——设计时尚女鞋广告

　　使用"矩形"工具、"手绘"工具和渐变填充对话框绘制底图，使用导入命令将素材图片导入，使用"交互式透明"工具为图片添加透明效果，使用"文本"工具添加文字效果（时尚女鞋广告的最终效果，如图1-60所示）。

图　1-60

 拓展任务2——设计葡萄酒广告

使用"矩形"工具绘制底图，使用"导入"命令将素材图片导入，使用"图框精确剪裁"命令将素材图片放置在矩形中，使用"文本"工具添加文字效果（葡萄酒广告的最终效果，如图1-61所示）。

图　1-61

项目小结

本项目主要是完成设计制作两个网络广告任务，在任务上进行了精细挑选，从现在用的比较多的两大产品类入手（食品类、电子产品类），在风格、尺寸、排版等各方面都满足了网络广告的特性。

在实现上，采用了双软件（Photoshop+CorelDRAW）的综合运用，帮助学生巩固已学过的软件知识点，活用并熟练软件的操作方法，从而达到对网络广告的深入了解以及对软件操作方法的综合运用。

项目2 设计报纸广告

报纸作为最常见的广告宣传媒介，其平台特点是读者受众群体多，且涵盖社会上大多数阶层。短效、但广告传播效果迅速的报纸媒体，能够让广告的影响力呈现几何级增长。创意新颖、设计精美的报纸广告能够迅速吸引读者的目光，从而达到传播信息的目的。

 知识准备

1. 报纸广告的特点

（1）广泛性

众所周知，报纸的种类繁杂，如日报、周报等，发行范围广，阅读者数量众多。正是这种广泛性的特点，大多数报纸媒体上可刊登各种不同种类的广告，其中包括生活资料类广告、文化艺术类广告、医药滋补类广告和生产资料类广告等，如图2-1～图2-3所示。

图 2-1   图 2-2   图 2-3

（2）快速性

报纸，尤其是日报类媒体，其时效性非常强，印刷和销售的速度也很快。广告公司甚至只要在前一天提供印刷定稿，第二天即能印刷出报，并且报纸的发行不受季节、天气等因素影响，通过报亭零售、订购邮寄等手段，每一期的报纸都能够及时送到读者手中。这种媒体类型的特点能够满足时效性要求较高的新品上市广告以及快件广告的要求，例如，通知、展览、庆祝、劳务、展销和航运等。

（3）连续性

以日报为例，报纸每天都会发行，媒体具有连续性的特点，广告就可以利用这一点，在主题、画面和文字等方面使用渐变性和重复性的广告手法。一般这种广告的画面会采用同一版式来宣传产品的优势卖点，在主题相同或类似的前提下，内容侧重点会有一定程度上的差异，使读者在不断接收到新的广告信息的同时，也不会产生潜在的阅读障碍。除此之外，相同内容的广告会选择不断完善的形象出现，这种方式的优点是能够充分调动阅读者的好奇心，同时又能加深客户对产品的印象，如图2-4～图2-7所示。

图 2-4　　　　　　图 2-5　　　　　　图 2-6　　　　　　图 2-7

（4）经济性

报纸并非只有广告内容，其本身包含的新闻报导、文化生活、学术研究、市场信息等内容，具有很强的阅读吸引力，并由此为广告提供广泛的读者群体。设计师在设计报纸广告时要充分考虑广告应与报纸大量的文字内容形成鲜明的个性和特征，让阅读者的目光在广告画面和内容上尽量多停留，并从中获取信息和享受美感。

（5）针对性

报纸类媒体还具备发行范围广泛和面市速度快的特点，因此，报纸广告就要考虑具体广告要求和情况，利用不同的发售时间、不同类型的报纸并结合不同的媒体内容，将广告信息有效传递出去。例如，商品广告投放的时间应该在生产和销售的旺季之前，如果广告中包含专业性较强的信息，就应该在与之相关的专业性报纸媒体上投放，这样能够准确地传播到受众群体。选定投放报纸后，广告也要综合考虑所在的具体版面情况，将广告内容与报纸自身内容有机结合在一起。

（6）突出性

在报纸版面中，广告位置的选择直接影响到广告效果，好的位置能让广告更加吸引关注，例如，选择报纸头版位置或刊登在阅读率较高的栏目侧边，都能更多地吸引读者关注。报纸的广告设计还可以利用定位设计的原则，对画面主体形象的标志、商标进行强调，标题和图形在面积、明度等方面进行对比。大标题、色块衬托、线条陪衬、套红等手法都能够对广告起到加强作用。

2．报纸广告的优势

（1）受众广泛

报纸的发行量最大，内容涉及政治、体育、文艺、生活、交通等诸多方面，可以在同一时间向读者展示大量信息。因此，报纸广告可以依靠广泛的读者群迅速传播。此外，报纸的权威性也增强了广告的可信度。

（2）传播速度快

相对其他广告媒介来说，报纸的出版周期较短，信息传播非常及时。对于一些时效性较强的产品广告来说，报纸可以及时将信息传播给受众。

（3）信息量大

报纸大多以文字为主、图片为辅来传递信息，加以报纸的版面较大，所以其信息量十分巨大。由于报纸以文字为主，因此说明性很强，可以详尽地描述产品信息。对于一些说明信息较多的产品来说，利用报纸作为广告载体可以让受众了解更多有关产品的信息，从面增加对产品的熟悉度。

（4）重复性

报纸相对于电视、广播等媒体，能够保存并传阅，因此增加了广告的阅读次数。有些人有剪报的习惯，这样，无形中又增加了报纸信息的重复阅读率。

3．报纸广告的设计要领

（1）简洁易懂

报纸的信息量十分庞大，很容易引起读者的阅读疲劳，晦涩难懂的语句会降低广告的传播率，因此报纸广告需要简洁易懂，如图2-8～图2-11所示。

图 2-8   图 2-9   图 2-10   图 2-11

（2）注重文字的设计

报纸属于时效性很强的刊物，其印刷成本都比较低、报纸中图片的色彩和清晰度都受到很大的影响。因此，在文字的设计上要注重文字的可观性，要清晰、简明。

（3）合理利用版面

报纸中的版面形式多变，除了常见的矩形、圆形版面，还有一些异形的版面，在设计中，可以巧妙地利用这些版面进行创意设计，如图2-12～图2-15所示。

图 2-12

图 2-13

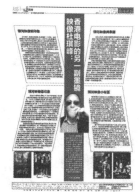
图 2-14

图 2-15

任务1 设计房地产广告

任务情景

本例是为房地产公司设计制作的房地产销售广告。在设计上要求既能体现出房屋所在地具有优美的环境，又能体现出房屋别具一格和优雅高贵的气质。

任务分析

在设计制作过程中先从背景入手，通过水墨画图片体现出房屋所在地具有自然美景的特点，通过琵琶的经典造型展示出房屋优雅高贵的气质，通过横向文字的设计编排，更能感受到自然，通过竖排文字的设计编排更能体现出身临其境于大自然的感受。房地产销售广告的最终效果，如图2-16所示。

图 2-16

35

操作步骤

Photoshop应用

（1）制作背景效果

步骤1　按<Ctrl+N>组合键，新建一个文件：宽度为30cm，高度为21cm，分辨率为200像素/英寸，颜色模式为RGB，背景内容为白色，单击"确定"按钮。

步骤2　按<Ctrl+O>组合键，打开"01图片"，将图片拖曳到图像窗口中，效果如图2-17所示。在"图层"面板中生成新的图层并将其命名为"风景"。单击"图层"面板下方的"添加图层蒙版"按钮，为"风景"图层添加蒙版，如图2-18所示。

步骤3　将前景色设为黑色。选择"画笔"工具，在属性栏中单击"画笔"选项右侧的按钮，弹出画笔选择面板，将"主直径"选项设为600，"硬度"选项设为0，"不透明度"选项设为33，在风景图像上进行涂抹，涂抹区域被删除，效果如图2-19所示。

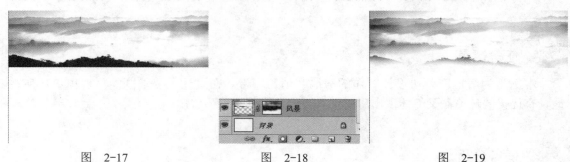

图　2-17　　　　　　　　　　　图　2-18　　　　　　　　　　　图　2-19

步骤4　单击"图层"面板下方的"创建新的填充或调整图层"按钮，在弹出的菜单中选择"色彩平衡"命令，在"调整"面板中进行设置，如图2-20所示。按<Enter>键确认操作，效果如图2-21所示。

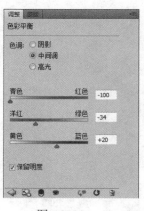

图　2-20　　　　　　　　　　　　　　　　　图　2-21

步骤5　按<Ctrl+O>组合键，打开"02图片"，将图片拖曳到图像窗口的下方，如图2-22所示。在"图层"面板中生成新的图层并将其命名为"风景2"。单击"图层"面板下方的"添加图层蒙版"按钮，为"风景2"图层添加蒙版，如图2-23所示。

步骤6　选择"画笔"工具 ，在属性栏中单击"画笔"选项右侧的按钮 ，弹出画笔
选择面板，将"主直径"选项设为600，"硬度"选项设为0，"不透明度"选项设为33，
在风景图像上进行涂抹，涂抹区域被删除，效果如图2-24所示。

图　2-22　　　　　　　　　图　2-23　　　　　　　　　图　2-24

步骤7　选择"矩形选框"工具 ，绘制一个矩形选区，如图2-25所示。单击"图层"
面板下方的"创建新的填充或调整图层"按钮 ，在弹出的"调整"面板中进行设置，如
图2-26所示。按<Enter>键确认操作，效果如图2-27所示。

图　2-25　　　　　　　　　图　2-26　　　　　　　　　图　2-27

（2）制作琵琶合成图像

步骤1　按<Ctrl+O>组合键，打开"03素材图片"，将琵琶图片拖曳到图像窗口中，如
图2-28所示。在"图层"面板中生成新的图层并将其命名为"琵琶"。

步骤2　按<Ctrl+O>组合键，打开"04素材图片"，将图片拖曳到图像窗口中，如图2-29
所示。在"图层"面板中生成新的图层并将其命名为"房屋"。选择"钢笔"工具 ，选中
属性栏中的"路径"按钮 ，绘制一个路径，如图2-30所示。

图　2-28　　　　　　　　　图　2-29　　　　　　　　　图　2-30

步骤3　按<Ctrl+Enter>组合键将路径转化为选区，单击"图层"面板下方的"添加图层蒙版"按钮 ，为"房屋"图层添加蒙版，如图2-31所示。图像效果，如图2-32所示。

图　2-31

图　2-32

步骤4　选中"房屋"图层，单击"图层"面板下方的"添加图层样式"按钮fx，在弹出的菜单中选择"内阴影"命令，弹出对话框，将颜色设为浅紫色（其R、G、B的值分别为166、171、209），其他选项的设置，如图2-33所示。单击"确定"按钮，效果如图2-34所示。

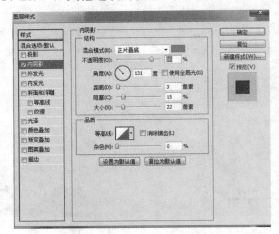

图　2-33

图　2-34

步骤5　在"图层"面板中将"房屋"图层隐藏。选择"钢笔"工具 ，选中属性栏中的"路径"按钮，绘制一个路径，如图2-35所示。按<Ctrl+Enter>组合键将路径转化为选区，选择"琵琶"图层，按<Ctrl+J>组合键复制选区中的图像，生成新的图层并将其命名为"复手"，将该图层拖曳到"房屋"图层的上方，如图2-36所示。

图　2-35

图　2-36

步骤6　选择"钢笔"工具 ，选中属性栏中的"路径"按钮 ，绘制一个路径，如图2-37所示。按<Ctrl+Enter>组合键将路径转化为选区，选择"琵琶"图层，按<Ctrl+J>组合键复制选区中的图像，生成新的图层并将其命名为"品"，将该图层拖曳到"复手"图层的上方，如图2-38所示。

图　2-37　　　　　　　　　　　　　　　　图　2-38

步骤7　用相同的方法制作其他的"品"图形。在"图层"面板中将所有的"品"图层选中，按<Ctrl+G>组合键将其编组，并将图层组命名为"品"，如图2-39所示。新建图层并将其命名为"琴弦"。选择"直线"工具 ，选择属性栏中的"填充像素"按钮 ，将"粗细"选项设为1，绘制出4条直线，效果如图2-40所示。在"图层"面板上方将图层的"不透明度"选项设为80，显示出"房屋"图层，效果如图2-41所示。

步骤8　按<Ctrl+O>组合键，打开"05图片"素材，将"地图"图片拖曳到图像窗口的下方，如图2-42所示。在"图层"面板中生成新的图层并将其命名为"地图"。按<Ctrl+Shift+E>组合键合并可见图层。按<Ctrl+Shift+S>组合键，弹出"存储为"对话框，将其命名为"房地产广告背景图"，保存图像为TIFF格式，单击"保存"按钮将图像保存。

图　2-39

图　2-40

图　2-41　　　　　　　　　　　　　　　　　图　2-42

CorelDRAW应用

（3）添加文字

步骤1　按<Ctrl+N>组合键，新建一个页面。在属性栏"纸张宽度和高度"选项中分别设置宽度为300mm、高度为210mm，按<Enter>键确认操作，页面尺寸显示为设置的大小。按<Ctrl+I>组合键，弹出"导入"对话框，选择"房地产广告背景图"素材文件，单击"导入"按钮，在页面中单击导入图片，拖曳图片到页面的中心位置，效果如图2-43所示。

步骤2　选择"文本"工具字，在页面中的右下方输入需要的文字。选择"挑选"工具
，在属性栏中选择合适的字体并设置文字大小，效果如图2-44所示。

图　2-43　　　　　　　　　　　　　　　　　图　2-44

步骤3　选择"文本"工具字，分别输入需要的文字。选择"挑选"工具，在属性栏中分别选择合适的字体并设置文字大小，效果如图2-45所示。按<Ctrl+I>组合键，弹出"导入"对话框，选择"06图片"素材文件，单击"导入"按钮，在页面中单击导入图片，拖曳图片到适当的位置并调整其大小，效果如图2-46所示。

图　2-45　　　　　　　　　　　　　　　　　图　2-46

步骤4　　选择"文本"工具 字，单击属性栏中的"将文本更改为垂直方向"按钮 ，在页面的左侧输入需要的文字。选择"挑选"工具 ，在属性栏中选择合适的字体并设置文字大小，如图2-47所示。

　　步骤5　　选择"椭圆形"工具 ，按住<Ctrl>键的同时在"悠"字上绘制一个圆形，如图2-48所示。设置图形填充色的CMYK值为60、50、0、0，填充图形并去除图形的轮廓线，效果如图2-49所示。按<Ctrl+PageDown>组合键图形移后一层，将其设置在"悠"字的下方，效果如图2-50所示。使用相同的方法，分别在"心"字和"远"字下方添加圆形，效果如图2-51所示。

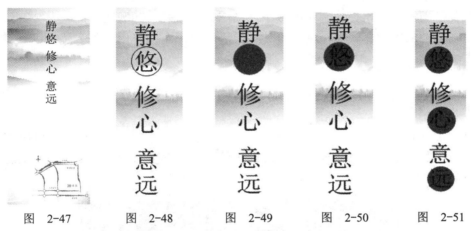

　　图 2-47　　　　　图 2-48　　　　　图 2-49　　　　　图 2-50　　　　　图 2-51

　　步骤6　　选择"文本"工具 字，分别输入需要的文字。选择"挑选"工具 ，在属性栏中分别选择合适的字体并设置文字大小，效果如图2-52所示。房地产广告制作完成，效果如图2-53所示。

　　图　2-52

　　图　2-53

任务2 设计车类广告

任务情景

本任务是为汽车公司设计制作的汽车产品广告。这是一部既适合商务办公，又适合郊游旅行多功能的SUV汽车。在广告的设计上要表现出汽车的自由驰骋之感，也要展示出车型的强大功能。

任务分析

在设计制作过程中先从背景入手，通过背景图中大厦和汽车的对比体现出汽车的强撼。通过小图的展示，可以让人们更详细地了解汽车的功能，通过对广告语和其他文字的编排使整个广告更突出主题，更张扬。汽车广告的最终效果，如图2-54所示。

图 2-54

操作步骤

Photoshop应用

（1）制作背景和底图

步骤1　按<Ctrl+N>组合键，新建一个文件，宽度为29.7cm，高度为21cm，分辨率为200像素/英寸，颜色模式为RGB，背景内容为白色，单击"确定"按钮。

步骤2　按<Ctrl+O>组合键，打开"素材01"文件，将图片拖曳到图像窗口中，如图2-55所示。在"图层"面板中生成新的图层并将其命名为"底图"。按<Ctrl+O>组合键，打开对应的"素材02""素材03""素材04"文件，分别将图片拖曳到图像窗口中适当的位置，如图2-56所示。在"图层"面板中分别生成新的图层并将其命名为"网格""暗影"和"建筑物"，如图2-57所示。

图 2-55

图 2-56

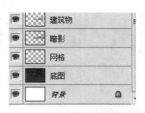
图 2-57

步骤3 将"建筑物"图层拖曳到"图层"面板下方的"创建新图层" 按钮上进行复制，生成新的图层并重新命名为"模糊效果"，如图2-58所示。选择"滤镜"→"模糊"→"动感模糊"命令，在弹出的对话框中进行设置，如图2-59所示。单击"确定"按钮，效果如图2-60所示。

图 2-58

图 2-59

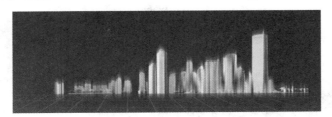
图 2-60

步骤4 在"图层"面板中将"模糊效果"图层拖曳至"建筑物"图层的下方，如图2-61所示。图像窗口中的效果，如图2-62所示。单击"图层"面板下方的"添加图层蒙版"按钮，为"模糊效果"图层添加蒙版，如图2-63所示。

步骤5 选择"矩形选框"工具 ，在图像窗口中绘制一个矩形选区，如图2-64所示。将前景色设为黑色，按<Alt+Delete>组合键用前景色填充选区，按<Ctrl+D>组合键取消选区，效果如图2-65所示。

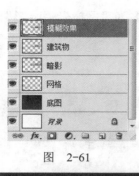
图 2-61

图 2-62

图 2-63

图 2-64

图 2-65

步骤6 在"图层"面板中选择"建筑物"图层,单击"图层"控制面板下方的"创建新的填充或调整图层"按钮 ⦾. ,在弹出的菜单中选择"色相/饱和度"命令,在弹出的"色相/饱和度"对话框中进行设置,如图2-66所示。按<Enter>键确认操作,效果如图2-67所示。在"图层"面板中生成新图层"色相/饱和度1",如图2-68所示。

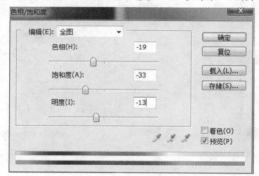
图 2-66

图 2-67

图 2-68

步骤7 按<Ctrl+O>的组合键,打开"素材04"文件,将图片拖曳到图像窗口左侧,如图2-69所示。在"图层"面板中生成新的图层并将其命名为"光线"。将"光线"图层的"不透明度"选项设为50%,效果如图2-70所示。

步骤8　按<Ctrl+O>组合键，打开"素材05"文件，将图片拖曳到图像窗口左侧，生成新图层并重命名为"汽车"，单击"图层"面板下方的"添加图层蒙版"按钮▣，为"汽车"图层添加蒙版。选择"渐变"工具▣，将渐变色设为从黑色到白色，在汽车图片倒影部分拖曳渐变色，效果如图2-71所示。

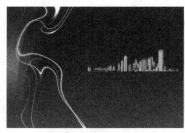  

图　2-69　　　　　　　　图　2-70　　　　　　　　图　2-71

步骤9　按<Ctrl+O>组合键，打开"素材06""素材07""素材08""素材09"文件，分别将图片拖曳到图像窗口的右下方，如图2-72所示。在"图层"面板中分别生成新的图层并将其命名为"图片1""图片2""图片3""图片4"，如图2-73所示。

图　2-72　　　　　　　　　　　　　　　图　2-73

步骤10　将前景色设为白色。新建图层并将其命名为"星星"。选择"画笔"工具✐，单击属性栏中的"切换画笔面板"按钮，选择"画笔笔尖形状"选项，在弹出的相应面板中进行设置，如图2-74所示。选择"形状动态"复选框，在弹出的相应面板中进行设置，如图2-75所示。选择"散布"复选框，在弹出的相应面板中进行设置，如图2-76所示。在图像中绘制图形，效果如图2-77所示。

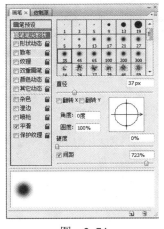 

图　2-74　　　　　　　　　　　　　　　图　2-75

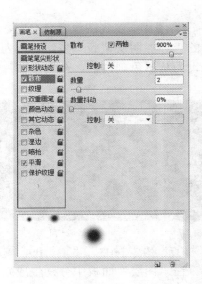

图 2-76   图 2-77

步骤11   选择"横排文字"工具 **T**，输入需要的白色文字，在"图层"面板中生成新的文字图层。选取文字，在属性栏中选择合适的字体和文字大小，按<Alt+→>组合键，调整文字到适当的间距，效果如图2-78所示。单击"图层"面板下方的"添加图层样式"按钮 **fx.**，在弹出的菜单中选择"投影"命令，在弹出的对话框中进行设置，如图2-79所示。选择"斜面和浮雕"复选框，切换到相应的对话框，选项的设置，如图2-80所示。选择"描边"复选框，切换到相应的对话框，将描边颜色设为深绿色（其R、G、B的值分别为34、51、76），其他选项的设置，如图2-81所示。单击"确定"按钮，图像效果，如图2-82所示。

步骤12   按<Ctrl+Shift+E>组合键合并可见图层，按<Ctrl+Shift+S>组合键，弹出"储存为"对话框，将其命名为"汽车广告背景图"，保存图像为TIFF格式，单击"保存"按钮，将图像保存。

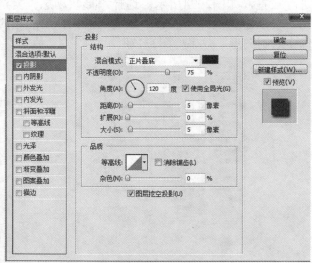

图   2-78   图   2-79

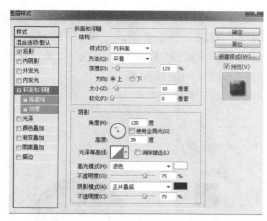

图 2-80

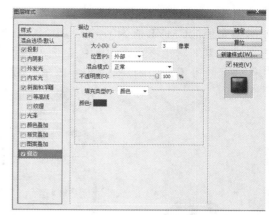

图 2-81

图 2-82

CorelDRAW应用

（2）添加商标和广告标题

步骤1　按<Ctrl+N>组合键，新建一个页面。在属性栏"纸张宽度和高度"选项中分别设置宽度为297mm、高度为210mm，按<Enter>键确认操作，页面尺寸显示为设置的大小。按<Ctrl+I>组合键，弹出"导入"对话框，选择之前做完的"汽车广告背景图"素材文件，单击"导入"按钮，在页面中单击导入图片，拖曳图片到页面的中心位置，效果如图2-83所示。

图 2-83

步骤2　选择"椭圆形"工具 ◯，按住<Ctrl>键的同时，在页面中绘制一个圆形，设置图形填充色的CMYK值为0、70、100、0，填充图形，效果如图2-84所示。按<F12>键，弹出"轮廓笔"对话框，在"颜色"选项中设置轮廓线颜色的CMYK值为0、100、100、60，其他选项的设置，如图2-85所示。单击"确定"按钮，效果如图2-86所示。

图　2-84

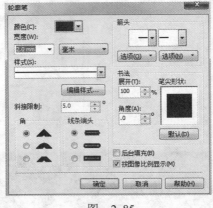
图　2-85

图　2-86

步骤3　选择"贝塞尔"工具 ✎，在刚绘制的圆形上方绘制一个箭头图形，如图2-87所示。设置图形填充色的CMYK值为0、100、100、60，填充图形并去除图形的轮廓线，图形效果，如图2-88所示。选择"挑选"工具 ▷，用圈选的方法将所绘制的图形同时选取，并将其拖曳至背景图的左上方，效果如图2-89所示。

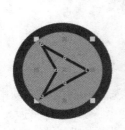
图　2-87

图　2-88

图　2-89

步骤4　选择"文本"工具 ⅋，在页面中的左上方分别输入需要的文字。选择"挑选"工具 ▷，在属性栏中分别选择适合的字体并设置文字大小，填充文字为白色，效果如图2-90所示。选择"文本"工具 ⅋，在页面的右上侧输入需要的文字。选择"挑选"工具 ▷，在属性栏中选择适合的字体并设置文字大小，设置文字填充色的CMYK值为0、70、100、0，填充文字，效果如图2-91所示。

图　2-90

图 2-91

（3）添加内容文字

步骤1 选择"文本"工具 字，在页面中的左下方分别输入需要的文字。选择"挑选"工具 ，在属性栏中分别选择合适的字体并设置文字大小，填充文字为白色，效果如图2-92所示。

步骤2 选择"文本"工具 字，在页面适当的位置分别输入需要的英文。选择"挑选"工具 ，在属性栏中分别选择合适的字体并设置文字大小，填充文字为白色，效果如图2-93所示。

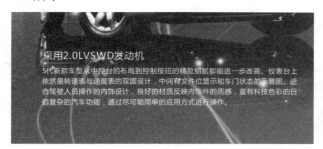

图 2-92   图 2-93

步骤3 选择"文本"工具 字，在页面适当的位置输入需要的文字。选择"挑选"工具 ，在属性栏中选择合适的文字并设置文字大小，填充色为白色，效果如图2-94所示。使用相同的方法输入其他文字，效果如图2-95所示。汽车广告制作完成，效果如图2-96所示。

图 2-94   图 2-95

图　2-96

 拓展任务——设计橙汁广告

　　在Photoshop中使用"椭圆选框"工具、"动感模糊"滤镜和"动作"命令制作背景亮光，使用"外发光"命令制作图片外发光效果。在CorelDRAW中，使用"导入"命令将背景图片导入，使用"文本"工具添加广告语和内部文字，使用"交互式轮廓图"工具制作文字描边效果，使用"星形"工具绘制装饰图形。橙汁广告的最终效果，如图2-97所示。

图　2-97

项目小结

　　　　本项目主要是完成设计制作两个报纸广告的任务，在任务选择上进行了精细挑选，从现在用的比较多的两大产品类入手（汽车宣传类、房地产宣传类），在风格、尺寸、排版等各方面都满足了报纸广告的特性。

　　　　在实现上，采用了双软件（Photoshop+CorelDRAW）的综合运用，帮助学生巩固已学过的软件知识点，活用并熟练软件的操作方法，从而达到对报纸广告的深入了解以及对软件操作方法的综合运用。

项目3　设计海报招贴

招贴也可称作宣传画或海报，是一种发布在公共场合进行信息传递，以达到广告宣传作用的印刷广告形式。

 知识准备

1. 招贴广告的作用

（1）传播信息

招贴广告最重要也是最基本的功能即传播信息，特别是商业招贴，其传播信息的功能首先表现在对商品的质量、成分、性能、规格、维修情况等进行说明，对劳务方面内容，例如，洗染、旅游、饮食、旅游等加以介绍，如图3-1～图3-3所示。

图　3-1　　　　　　　　图　3-2　　　　　　　　图　3-3

（2）有利于视觉形象传达

招贴是广告宣传中经常使用的一种效果明显的媒体，通常用来宣传企业的良好形象，提高产品的知名度和美誉度，使企业和产品在开拓市场、促进销售等方面获得提升，有利于市场竞争。

（3）刺激需求

消费者并非对每一件商品都有消费需求，其中一些需求是处在潜在状态中的，企业如果不充分刺激客户的消费冲动，就不可能实现来自消费者的购买行动，随之而来的就是产品的滞销。招贴的作用正是可以有效刺激客户的潜在需求，并且效果非常良好。

（4）审美作用

招贴广告的审美作用表现在3个方面：第一，招贴广告语是经过艺术处理的语言，语言简单并易于记忆，能够在客户的大脑中形成深刻印象；第二，招贴的画面形式生动活泼，擅长使用图文结合的方式，易于吸引消费者的关注；第三，招贴在具备高效的说服功能的

基础上，一般会以富于渲染力的感性化方式进行传播，而非用勉强、生硬的方式来灌输，消费者在心理上更容易被广告中产品的理念说服，如图3-4和图3-5所示。

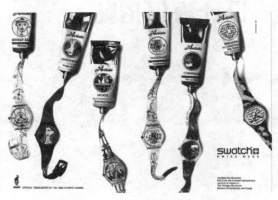

图 3-4　　　　　　　　　　　　　　　　　图 3-5

2．提高受众关注度的方法

（1）色彩

醒目的颜色会增加招贴的吸引力，也易于远距离观看。在招贴的设计中一定要充分利用色彩的特性，使其在周围的环境中脱颖而出，抓住观者的视线。

（2）创意

充满创意的招贴能够将观者带入思考中，观者会追寻广告的信息来解开心中的疑惑。同时加深对广告的印象，如图3-6和图3-7所示。

图 3-6　　　　　　　　　　　　　　　　　图 3-7

（3）图片

选择具有视觉冲击力的图片或令人们感到惊奇的图片能够引起观者极大的兴趣。

（4）文字

一目了然的文案易于观者记忆，也易于传播。招贴中的文字要简洁、醒目，颜色要与画面背景产生对比。此外，文字的位置要尽可能占据观者的最佳视线处。

3．招贴广告的设计要领

1）招贴广告的整体色彩要符合产品的个性，在设计时要充分考虑到不同色彩所带来的不同心理感受。招贴广告的背景色要尽量突出标题、商标等文字，如图3-8所示。

2）使用容易看清的字体，对于表示价格等信息的文字、字体和颜色都要突出表示。

3）尽量使用与企业或产品风格近似的视觉效果、图案和色彩，以达到整体画面的统一和谐，如图3-9所示。

图　3-8　　　　　　　　　图　3-9

任务1　设计文物鉴赏会招贴广告

 任务情景

本任务是为文化公司设计制作的文物鉴赏会广告。本次鉴赏会是以古代的文物为主，在广告设计上要求通过对古物的鉴赏展示出我国古代的文化特点。

 任务分析

在设计制作过程中，先从背景入手，通过使用带有龙图案的红色背景体现出历史和文物感。通过具有古代物色的纹样制作的装饰图形，突出和点明主题。通过其他文字介绍鉴赏会的有关信息。文物鉴赏会招贴广告的最终效果，如图3-10所示。

图　3-10

操作步骤

Photoshop应用

（1）合成背景图像

步骤1　按<Ctrl+N>组合键，新建一个文件：宽度为21cm，高度为29.7cm，分辨率为200像素/英寸，颜色模式为RGB，背景内容为白色，单击"确定"按钮。将背景色设为深红色（其R、G、B的值分别设为165、5、0），按<Ctrl+Delete>组合键，用背景色填充"背景"图层，效果如图3-11所示。

步骤2　分别选择"减淡"工具 和"加深"工具 ，在属性栏中单击"画笔"选项右侧的按钮 ，弹出画笔选择面板，将"主直径"选项设为300，"硬度"选项设为40，在图像窗口中拖曳鼠标，效果如图3-12所示。

图 3-11

图 3-12

步骤3　按<Ctrl+O>组合键，打开"01图片""02素材"文件。选择"移动"工具 ，将"01图片"拖曳到图像窗口中的适当位置，在"图像"面板中生成新的图层并将其命名为"龙纹样"。在"图层"面板上方，将"龙纹样"图层的混合模式设为"叠加"，"不透明度"选项设为15，图像效果如图3-13所示。选择"移动"工具 ，将"02图片"拖曳到图像窗口中适当的位置，在"图层"面板中生成新的图层并将其命名为"花纹"。在"图层"面板上方，将"花纹"图层的混合模式设为"柔光"，"不透明度"选项设为50%，如图3-14所示。图像效果如图3-15所示。

图 3-13

图 3-14

图 3-15

平面设计与制作

步骤4　选择"椭圆选框"工具 ○ ，按住<Shift>键的同时，在龙纹样上绘制正圆形选区，按<Shift+F6>组合键，弹出"羽化选区"对话框，将"羽化半径"选项设为20，单击"确定"按钮，效果如图3-16所示。按<Ctrl+Shift+I>组合键将选区反选。单击"图层"面板下方的"添加图层蒙版"按钮 ○ ，为"花纹"图层添加蒙版，如图3-17所示。图像效果如图3-18所示。

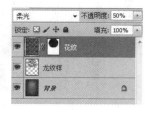

图　3-16　　　　　　　　图　3-17　　　　　　　　图　3-18

步骤5　单击"图层"面板下方的"创建新的填充或调整图层"按钮 ○ ，在弹出的菜单中选择"色阶"命令，在"图层"面板中生成"色阶1"图层，同时在弹出的"色阶"面板中进行设置，如图3-19所示。按<Enter>键确认操作，图像效果如图3-20所示。

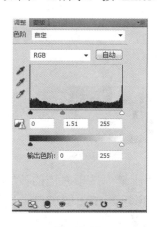

图　3-19　　　　　　　　　　　图　3-20

（2）添加图片

步骤1　按<Ctrl+O>组合键，打开"03图片""04图片"文件。选择"移动"工具 ，将"铜狮"图片拖曳到图像窗口的左下方，在"图层"面板中生成新的图层并将其命名为"铜狮"。在"图层"面板上方，将"铜狮"图层的混合模式设为"叠加"，图像效果如图3-21所示。将"铜狮"图层拖曳到"图层"面板下方的"创建新图层"按钮 上进行复制，生成新的图层"铜狮副本"，按<Ctrl+T>组合键，在控制框中单击鼠标右键，在弹出的快捷菜单中选择"水平翻转"命令，将图像水平翻转并向右移动，按<Enter>键确认操作，效果如图3-22所示。用相同的方法将文物图片拖曳到图像窗口的中心位置，效果如图3-23所示。

图 3-21   图 3-22   图 3-23

步骤2　按<Ctrl+O>组合键，打开"05图片"文件。选择"移动"工具 ，将书画图片拖曳到图像窗口中，效果如图3-24所示。在"图层"面板中生成新的图层并将其命名为"书画"。单击"图层"面板下方的"添加图层蒙版"按钮 ，为"书画"图层添加蒙版，如图3-25所示。

图　3-24   图　3-25

步骤3　选择"画笔"工具 ，在属性栏中单击"画笔"选项右侧的按钮 ，弹出画笔选择面板，在面板中选择需要的画笔形状，如图3-26所示。在图像窗口中进行涂抹，涂抹的区域被隐藏，效果如图3-27所示。"图层"面板中的效果如图3-28所示。

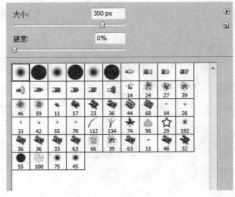

图　3-26   图　3-27   图　3-28

56

（3）绘制装饰图形

步骤1　新建"图层1"。选择"矩形选框"工具 ▦ ，在图像窗口中适当的位置绘制选区，如图3-29所示。按<Ctrl+Shift+I>组合键将选区反选。单击"图层"面板下方的"创建新的填充或调整图层"按钮 ⬤ ，在弹出的菜单中选择"纯色"命令，弹出"拾取实色"对话框，将R、G、B的值分别设为197、14、43，单击"确定"按钮。单击"图层"面板下方的"添加图层样式"按钮 ƒx ，在弹出的菜单中选择"描边"命令，弹出"描边"对话框，将描边颜色设为白色，其他选项的设置如图3-30所示。单击"确定"按钮，图像效果如图3-31所示。

 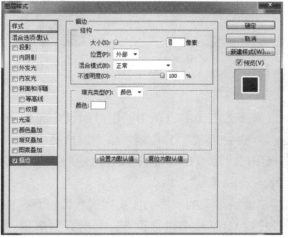 

图　3-29　　　　　　　　　　　图　3-30　　　　　　　　　　　图　3-31

步骤2　选择"自定形状"工具 ⬚ ，单击属相栏中的"形状"选项，弹出"形状"面板，单击左上方的按钮 ⊙ ，在弹出的菜单中选择"全部"命令，弹出提示对话框，单击"确定"按钮，在"形状"面板中选择图形"拼贴5"，选中属性栏中的"路径"按钮 ⬚ ，按住<Shift>键的同时，在图像窗口的左上方绘制路径，效果如图3-32所示。

步骤3　选择"路径选择"工具 ▸ ，在图像窗口中选择绘制的路径，按住<Alt>键的同时，向右拖曳鼠标复制路径。用相同的方法，复制多个路径。将前景色设为红色（其R、G、B的值分别设为255、28、86）。新建图层并将其命名为"边框"，按<Ctrl+Enter>组合键将路径转化为选区，按<Alt+Delete>组合键，用前景色填充选区，按<Ctrl+D>组合键取消选区，效果如图3-33所示。

图　3-32　　　　　　　　　　　　　　图　3-33

步骤4　在"图层"面板上方，将"边框"图层的混合模式设为"叠加"。复制多次"边框"图层，"图层"面板中生成"边框"图层的多个副本图层，如图3-34所示。选择"移动"工具 ⊹ ，分别将复制出的图形进行旋转并调整到适当的位置，效果如图3-35

所示。

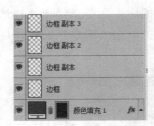

图　3-34

图　3-35

（4）制作展示图

步骤1　将前景色设为深红色（R、G、B的值分别设为204、0、51）。新建图层并将其命名为"画框"。选择"自定形状"工具 ，单击属性栏中的"形状"选项，弹出"形状"面板，在面板中选择图形"边框1"，选中属性栏中的"填充像素"按钮 ，在图像窗口中绘制图形，如图3-36所示。

步骤2　单击"图层"面板下方的"添加图层样式"按钮 ，在弹出的菜单中选择"投影"命令，在弹出的"投影"对话框中进行设置，如图3-37所示。选择"斜面和浮雕"复选框，切换到相应的对话框进行设置，如图3-38所示。单击"确定"按钮，图像效果如图3-39所示。

图　3-36

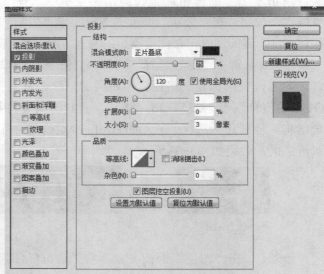

图　3-37

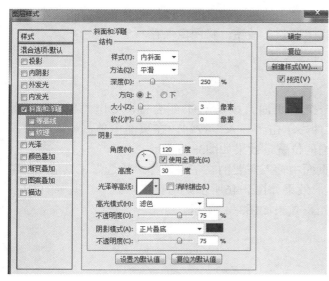

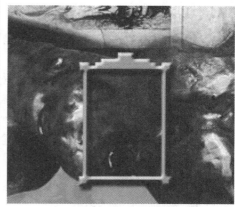

图 3-38   图 3-39

步骤3   新建图册并将其命名为"矩形"。选择"矩形"工具█，选中属性栏中的"填充像素"按钮█，绘制矩形，如图3-40所示。按<Ctrl+O>组合键，打开"Ch04"→"素材"→"文物鉴赏会广告设计"→"06"文件。选择"移动"工具█，将文物图片拖曳到矩形上，效果如图3-41所示。生成新的图层并将其命名为"文物1"。按住<Alt>键的同时，将光标放在"文物1"图层和"矩形"图层的中间，当鼠标指针变为链接图标时，如图3-42所示。单击鼠标左键，创建图层的剪贴蒙版，图像效果，如图3-43所示。

图 3-40   图 3-41   图 3-42   图 3-43

步骤4   按<Ctrl+O>组合键，打开"07图片""08图片""09图片""10图片"素材文件。用相同的方法制作出如图3-44所示的效果。单击"图层"面板下方的"创建新组"按钮█，生成新的图层组"组1"，将其重命名为"展示图"。将"文物5"和"画框"图层之间的所有图层拖曳到新建的"展示图"图层组中。

图 3-44

步骤5　按<Ctrl+Shift+S>组合键，弹出"存储为"对话框，将其命名为"文物鉴赏会广告背景图"，保存图像为TIFF格式，单击"确定"按钮，将图像保存。

CorelDRAW应用

（5）添加文字

步骤1　按<Ctrl+N>组合键，新建一个A4页面。按<Ctrl+I>组合键，弹出"导入"对话框，选择"文物鉴赏会广告背景图"文件，单击"导入"按钮，在页面中单击导入图片。选择"挑选"工具，将图片拖曳到适当的位置，效果如图3-45所示。

步骤2　选择"文本"工具，在页面中输入需要的文字。选择"挑选"工具，在属性栏中选取适当的字体并设置文字大小，效果如图3-46所示。选择"形状"工具，向左拖曳文字下方的图标，调整文字的间距，效果如图3-47所示。

图　3-45

图　3-46

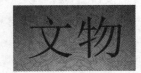

图　3-47

步骤3　选择"文本"工具，在页面中输入需要的文字。选择"挑选"工具，在属性栏中选取适当的字体并设置文字大小。选择"形状"工具，向左拖曳文字下方的图标，调整文字的间距。在"CMYK调色板中"的"红"色块上单击鼠标，填充文字，效果如图3-48所示。

图　3-48

步骤4　选择"交互式轮廓图"工具，在文字上拖曳光标，为文字添加轮廓化效果。在属性栏中将"填充色"选项颜色设为白色，其他选项的设置，如图3-49所示。按<Enter>键确认操作，效果如图3-50所示。

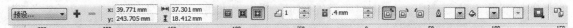

图　3-49

图　3-50

步骤5　用上述相同的方法制作文字"鉴赏会"，效果如图3-51所示。选择"文字"工具 字，在页面中输入需要的文字。选择"挑选"工具 ，在属性栏中选取适当的字体并设置文字大小，效果如图3-52所示。文物鉴赏会广告制作完成，如图3-53所示。

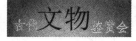
图　3-51

图　3-52

图　3-53

任务2　设计汉堡招贴广告

任务情景

本任务是为某快餐厅的新品上市设计制作的宣传广告。这次活动以汉堡的美味为主题，以各种优惠活动为辅，在广告设计上要求通过独特的设计展示出新食品的特色。

任务分析

在设计制作过程中，先从背景入手，通过橙色的背景和礼花似的图形营造出热闹喜庆的气氛；通过对广告语的艺术设计，使主题鲜明突出；通过其他文字的编排，体现各种优惠活动。整个设计简洁明快、突出主题，能引起人们的注意力，从而产生参与的欲望。汉堡招贴广告的最终效果如图3-54所示。

图　3-54

 操作步骤

Photoshop应用

（1）制作背景图形

步骤1　按<Ctrl+N>组合键，新建一个文件：宽度为21cm，高度为29.7cm，分辨率为100像素/英寸，颜色模式为RGB，背景内容为白色，单击"确定"按钮。

步骤2　选择"渐变"工具 ，单击属性栏中的"编辑渐变"按钮 ，弹出"渐变编辑器"对话框，在"位置"选项中分别输入0、50、100三个位置点，分别设置三个位置点颜色的RGB值为0（255、255、255）、50（252、204、0）、100（255、30、0），如图3-55所示，单击"确定"按钮。在属性栏中选择"径向渐变"按钮 ，在图像窗口中由左下方向右上方拖曳渐变，效果如图3-56所示。

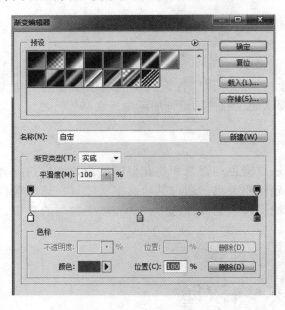

图　3-55　　　　　　　　　　　　　　　　　　　　　图　3-56

步骤3　将前景色设为黄色（其R、G、B的值分别为255、174、0）。新建图层并将其命名为"羽化1"。选择"椭圆选框"工具 ，在图像窗口中绘制椭圆形选区，如图3-57所示。

步骤4　在选区中单击鼠标右键，在弹出的快捷菜单中选择"自由变换"命令，选区周围出现控制手柄，将鼠标指针放在变换框的控制手柄外边，指针变为旋转图标，拖曳鼠标将选区旋转到适当的角度后，按<Enter>键确认操作，效果如图3-58所示。

步骤5　选择菜单"选择"→"修改"→"羽化"命令，在弹出的"羽化选区"对话框中进行设置，如图3-59所示，单击"确定"按钮。按<Alt+Delete>组合键，用前景色填充选区，按<Ctrl+D>组合键取消选区，效果如图3-60所示。

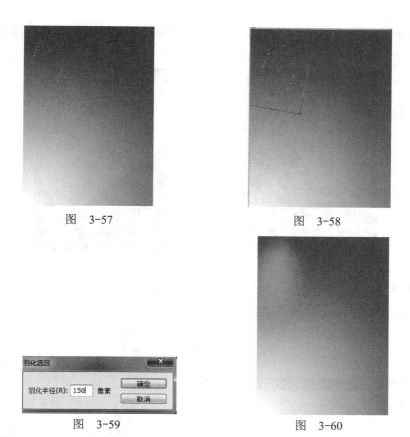

图　3-57　　　　　　　　　　　　　　　图　3-58

图　3-59　　　　　　　　　　　　　　　图　3-60

步骤6　前景色设为红色（其R、G、B的值分别为255、30、0）。新建图层并将其命名为"羽化2"。选择"椭圆选框"工具 ，在图像窗口中绘制椭圆形选区，如图3-61所示。

步骤7　按<Shift+F6>组合键，在弹出"羽化选区"对话框中进行设置，如图3-62所示，单击"确定"按钮。按<Alt+Delete>组合键，用前景色填充选区，按<Ctrl+D>组合键取消选区，如图3-63所示。

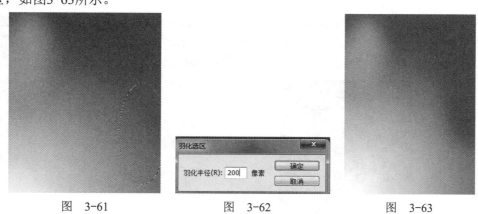

图　3-61　　　　　　　　图　3-62　　　　　　　　图　3-63

（2）制作底图

步骤1　在"通道"控制面板中，单击"通道"面板下方的"创建新通道"按钮 ，生成新通道"Alpha1"。选择"钢笔"工具 ，选中属性栏中的"路径"按钮 ，在图像窗口绘制路径，如图3-64所示。按<Ctrl+Enter>组合键将路径转换为选区，用白色填充选区，然后取消选区，效果如图3-65所示。

图　3-64

图　3-65

步骤2　选择菜单"滤镜"→"像素化"→"色彩半调"命令，在弹出的"彩色半调"对话框中进行设置，如图3-66所示。单击"确定"按钮，效果如图3-67所示。

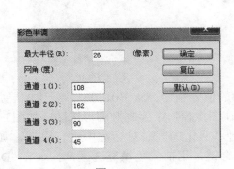

图　3-66

图　3-67

步骤3　按住<Ctrl>键的同时，单击"Alpha1"通道的缩略图，图形周围生成选区，返回到"图层"面板，图像窗口中的效果如图3-68所示。新建图层并将其命名为"白色形状"。用白色填充选区，然后取消选区，效果如图3-69所示。

图　3-68

图　3-69

步骤4　在"路径"面板中，选中"路径1"，如图3-70所示。选择"直接选择"工具
，分别选取各个节点并拖曳到适当的位置，效果如图3-71所示。返回到"图层"控制面
板，新建图层并将其命名为"橙色形状"。按<Ctrl+Enter>组合键将路径转换为选区。

步骤5　选择"渐变"工具，在属性栏中选择"径向渐变"按钮，在图像窗口中
由中心至左下方拖曳渐变，按<Ctrl+D>组合键取消选区，效果如图3-72所示。

图　3-70　　　　　　　　　图　3-71　　　　　　　　　图　3-72

（3）制作装饰图形

步骤1　将前景色设为黄色（其R、G、B的值分别为255、204、0）。新建图层并将其
命名为"色彩1"。选择"椭圆选框"工具，在图像窗口中适当的位置绘制椭圆形选区，
效果如图3-73所示。

步骤2　选择"选择"→"修改"→"羽化"命令，在弹出的"羽化选区"对话框中进
行设置，如图3-74所示，单击"确定"按钮。按<Alt+Delete>组合键，用前景色填充选区，
按<Ctrl+D>组合键取消选区，效果如图3-75所示。

图　3-73　　　　　　　　　图　3-74　　　　　　　　　图　3-75

步骤3　将前景色设为白色。新建图层并将其命名为"色彩2"。选择"椭圆选框"
工具，在图像窗口中适当的位置绘制椭圆形选区，用白色填充选区并取消选区，效果如图
3-76所示。

步骤4　选择菜单"滤镜"→"模糊"→"高斯模糊"命令，在弹出的"高斯模糊"对

话框中进行设置，如图3-77所示。单击"确定"按钮，效果如图3-78所示。

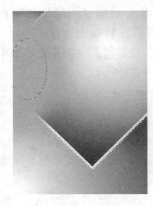

图 3-76   图 3-77   图 3-78

步骤5　在"图层"面板中，按住<Alt>键的同时，将鼠标指针放在"橙色形状"图层和"色彩1"图层的中间，鼠标指针变为■图形，单击鼠标，为"色彩1"图层创建剪切蒙版。再次按住<Alt>键，将鼠标指针放在"色彩1"图层和"色彩2"图层的中间，鼠标指针变为■图标。单击鼠标，为"色彩2"图层创建剪切蒙版，如图3-79所示。图像窗口中的效果如图3-80所示。

步骤6　在"图层"面板中，按住<Shift>键的同时，选择"色彩1""色彩2"图层，将其拖曳到"图层"面板下方的"创建新图层"按钮■上进行复制，生成新的副本图层，如图3-81所示。

图 3-79   图 3-80   图 3-81

步骤7　选择"色彩1副本"图层，按<Ctrl+T>组合键，图形周围出现变换框，在变换框中单击鼠标右键，在弹出的快捷菜单中选择"水平翻转"命令，水平翻转复制的图形并调整大小，按<Enter>键确认操作，效果如图3-82所示。选择"色彩2副本"图层，用相同的方法制作出效果，如图3-83所示。

步骤8　单击"图层"面板下方的"创建新的填充或调整图层"按钮■，在弹出的菜单中选择"色彩平衡"命令，在"图层"面板中生成"色彩平衡1"图层，同时在弹出的"色彩平衡"对话框中进行设置，如图3-84所示。按<Enter>键确认操作，图像效果如

平面设计与制作

图3-85所示。

图 3-82

图 3-83

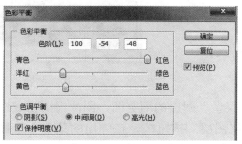

图 3-84

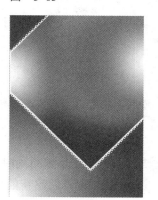

图 3-85

（4）为图片添加发光效果

　　步骤1　按<Ctrl+O>组合键，打开"素材01"文件。选择"移动"工具 ，拖曳"汉堡"图片到图像窗口的左下方，效果如图3-86所示。在"图层"面板中生成新图层并将其命名为"汉堡"。

图 3-86

步骤2　单击"图层"面板下方的"添加图层样式"按钮 *fx*，在弹出的菜单中选择"外发光"命令，在"外发光"选项组中将发光颜色设为白色，其他选项的设置如图3-87所示。单击"确定"按钮，效果如图3-88所示。

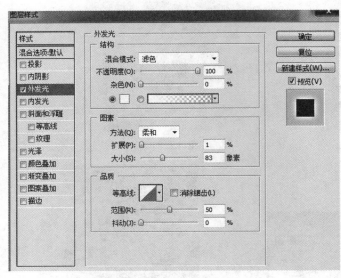

图　3-87　　　　　　　　　　　　　　　　　　图　3-88

步骤3　按住<Ctrl>键的同时，单击"汉堡"图层的缩览图，图片周围生成选区。单击"图层"面板下方的"创建新的填充或调整图层"按钮 ⊘，在弹出的菜单中选择"色彩平衡"命令，在"图层"面板中生成"色彩平衡2"图层，同时在弹出的"色彩平衡"对话框中进行设置，如图3-89所示。单击"确定"按钮，效果如图3-90所示。

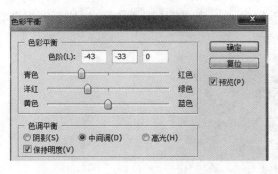

图　3-89　　　　　　　　　　　　　　　　　　图　3-90

步骤4　新建图层并将其命名为"画笔"。将前景色设为白色。选择"画笔"工具 ✐，单击属性栏中的"切换画笔调板"按钮 ▣，弹出"画笔"面板，选择"画笔笔尖形状"选项，切换至相应的面板中进行设置，如图3-91所示。选择"形状动态"复选框，切换到相应的面板中进行设置，如图3-92所示。选择"散布"复选框，切换到相应的面板中进行设置，如图3-93所示。在图像窗口中绘制图形，效果如图3-94所示。

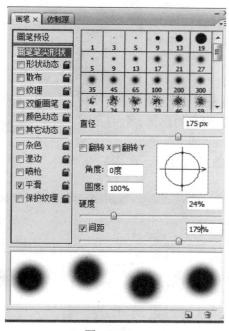

图 3-91

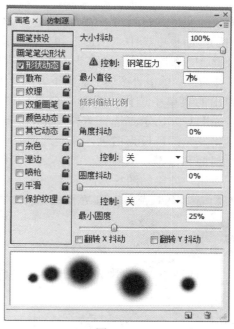

图 3-92

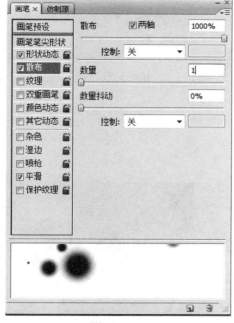

图 3-93

图 3-94

（5）添加文字

步骤1 选择"横排文字"工具 **T.**，分别在属性栏中选择合适的字体并设置文字大小，分别输入需要的白色文字，在"图层"面板中生成新的文字图层。

步骤2 按<Ctrl+O>组合键，打开"素材02"文件。选择"移动"工具 ，拖曳图形到

图像窗口的适当位置，效果如图3-95所示。在"图层"面板中
生成新的图层并将其命名为"图形"。按住<Shift>键的同时，在
"图层"面板中选中"图形"和白色"文字"图层，按<Ctrl+E>
组合键合并图层并将其命名为"美味至尊汉堡"。

步骤3　单击"图层"面板下方的"添加图层样式"按钮 fx，
在弹出的菜单中选择"投影"命令，在弹出的对话框中进行设
置，如图3-96所示。选择"外发光"复选框，切换到相应的对话
框，将发光颜色设为白色，其他选项的设置，如图3-97所示。选
择"斜面和浮雕"复选框，切换到相应的对话框，选项的设置，如图3-98所示。单击"确
认"按钮，效果如图3-99所示。

图　3-95

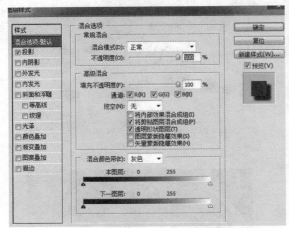

图　3-96

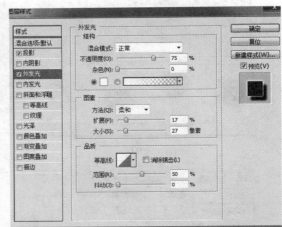

图　3-97

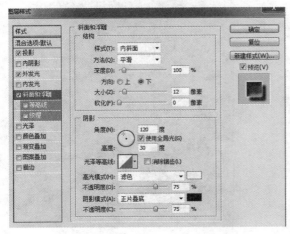

图　3-98

图　3-99

步骤4　单击"图层"面板下方的"添加图层样式"按钮 fx，在弹出的菜单中选择"渐
变叠加"命令 ▅▅▅▅▅▅，弹出"渐变叠加"对话框，单击"渐色"选项右侧的"点按可编
辑渐变"按钮，弹出"渐变编辑器"对话框，在"位置"选项中分别输入12、50、90三个
位置点，分别设置三个位置点颜色的RGB值为12（189、2、2）、50（255、150、0）、90

（189、2、2），如图3-100所示。单击"确定"按钮，返回到"渐变叠加"选项组中进行设置，如图3-101所示。

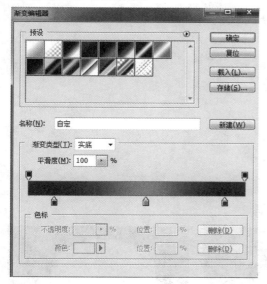

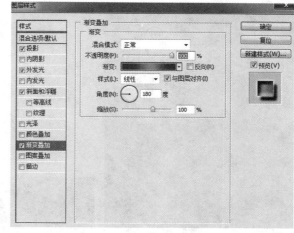

图 3-100   图 3-101

步骤5 选择"描边"复选框，切换到相应的对话框，将描边颜色设为白色，其他选项的设置如图3-102所示。单击"确定"按钮，效果如图3-103所示。按<Shift+Ctrl+S>组合键，弹出"储存为"对话框，将其命名为"汉堡广告背景图"，保存图像为TIFF格式，并取消勾选"存储选项"下的"Alpha通道"和"图层"复选框，单击"保存"按钮，将图像保存。

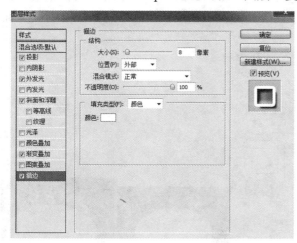

图 3-102   图 3-103

CorelDRAW应用

（6）制作标志和文字效果

步骤1 按<Ctrl+N>组合键，新建一个页面。选择"文件"→"导入"命令，弹出"导入"对话框，选择之前已经完成的"汉堡广告背景图"文件，单击"导入"按钮，在页面中单击导入图片，按<P>键，图片居中对齐页面，效果如图3-104所示。

步骤2　选择"贝塞尔"工具 ✎，在绘图页面左上角绘制一个不规则图形，如图3-105所示。在"CMYK调色板"中的"白"色块上单击鼠标，填充图形并去除图形的轮廓线，效果如图3-106所示。

图　3-104　　　　　　　图　3-105　　　　　　　图　3-106

步骤3　选择"手绘"工具 ✎，在适当的位置绘制一条曲线，如图3-107所示。按<F12>键，弹出"轮廓笔"对话框，在"颜色"选项中设置轮廓线的颜色为白色，其他选项的设置，如图3-108所示。单击"确定"按钮，效果如图3-109所示。用相同方法绘制其他曲线，效果如图3-110所示。

图　3-107　　　　　　　图　3-108　　　　　　　图　3-109　　　　图　3-110

步骤4　选择"文本"工具 字，在绘制的图形上输入需要的文字。选择"挑选"工具 ▲，在属性栏中选择合适的字体并设置文字大小。在"CMYK调色板"中的"红"色块上单击鼠标，填充文字，如图3-111所示。选择"矩形"工具，绘制一个矩形，填充图形为白色，并去除图形的轮廓线，效果如图3-112所示。

图 3-111　　　　　　图 3-112

步骤5　用相同的方法制作多个矩形图形,效果如图3-113所示。选择"贝塞尔"工具 ,再绘制一个三角形,填充图形为白色,并去除图形的轮廓线,效果如图3-114所示。用相同的方法绘制另一个三角形,效果如图3-115所示。

图 3-113　　　　　　图 3-114　　　　　　图 3-115

步骤6　选择"文本"工具 ,在适当的位置输入需要的文字。选择"挑选"工具 ,在属性栏中选择合适的字体并设置文字大小。设置文字填充色的CMYK值为0、80、100、0,填充文字,如图3-116所示。按<Ctrl+F9>组合键在弹出的"轮廓图"对话框中进行设置,如图3-117所示。单击"应用"按钮,效果如图3-118所示。

图 3-116　　　　　　图 3-117　　　　　　图 3-118

步骤7　选择"文本"工具 ,输入需要的文字。选择"挑选"工具 ,在属性栏中选择合适的字体并设置文字大小,填充文字为白色,效果如图3-119所示。选择"文本"工具 ,选取需要的文字,如图3-120所示。在属性栏中设置文字的大小,在"CMYK"调色板中的"红"色块上单击鼠标,填充文字,效果如图3-121所示。

图 3-119　　　　　　图 3-120　　　　　　图 3-121

步骤8　选择"星形"工具  ，在属性栏中设置，如图3-122所示，在绘图页面中适当的位置绘制星形。在"CMYK调色板"中的"红"色块上单击鼠标，填充图形并去除图形的轮廓线，效果如图3-123所示。用相同的方法绘制多个星形，效果如图3-124所示。

| x: 105.0 mm | .0 mm | 100.0 % | | | .0 | | | ☆ 5 | | ▲ 53 | |
| y: 148.5 mm | .0 mm | 100.0 % | | | | | | | | | |

图　3-122　　　　　　　　　　　　　　　　图　3-123　　图　3-124

步骤9　按<Ctrl+I>组合键，弹出"导入"对话框，选择"素材03"文件，单击"导入"按钮，在页面中适当的位置单击导入图片，选择"挑选"工具 ，拖曳图片到适当的位置并调整其大小，效果如图3-125所示。

步骤10　选择"文本"工具 ，在适当的位置输入需要的文字，选择"挑选"工具 ，在属性栏中选择合适的字体并设置文字大小，设置文字填充色的CMYK值为0、80、100、0，填充文字，效果如图3-126所示。

图　3-125

图　3-126

步骤11　按<Ctrl+F9>组合键，在弹出的"轮廓图"对话框中进行设置，如图3-127所示。单击"应用"按钮，效果如图3-128所示。选择"挑选"工具 ，选取需要的文字，将属性栏中"旋转角度" 文本框中的数值设置为8.8，按<Enter>键确认操作，效果如图3-129所示。

步骤12　选择"交互式阴影"工具 ，在文字中从上至下拖曳鼠标，在属性栏中设置，如图3-130所示，按<Enter>键确认操作，效果如图3-131所示。

步骤13　选择"贝塞尔"工具 ，在适当的位置绘制一条曲线，如图3-132所示。选择"文本"工具 ，将光标置于曲线上并单击鼠标右键，光标在路径上显示，输入需要的文字。选择"挑选"工具 ，在属性栏中选择合适的字体并设置文字大小。在"CMYK调色板"中的"红"色块上单击鼠标，填充文字，效果如图3-133所示。选择"挑选"工具，选取曲线，在"调色板"中的"无填充" 按钮上单击鼠标右键，去除曲线路径的颜色，效果如图3-134所示。

图 3-127   图 3-128   图 3-129

图 3-130

图 3-131   图 3-132   图 3-133   图 3-134

　　步骤14　选择"挑选"工具 ▨ ，选取路径文字，按<Ctrl+F9>组合键，在弹出的"轮廓图"对话框中进行设置，如图3-135所示。单击"应用"按钮，效果如图3-136所示。汉堡广告制作完成，效果如图3-137所示。

图 3-135

图 3-136

图 3-137

拓展任务—— 设计咖啡店广告

在Photoshop中，使用"选框"工具绘制相交选区，使用"图层样式"命令为图层添加阴影效果，使用"套索"工具和"图层蒙版"命令制作图像效果，使用"钢笔工具"和"图层混合模式"命令制作图形效果。在CorelDRAW中，使用"绘图"工具绘制标志图形，使用"文本"工具添加文字效果，使用"交互式阴影"工具为文字添加阴影效果，使用"图框精确剪裁"命令将图片置入图形中。咖啡店广告的最终效果如图3-138所示。

图　3-138

项目小结

　　本项目主要是完成设计制作两个海报招贴广告，在任务上进行了精细挑选，从现在用的比较多的两大产品类（展会宣传类、食品店宣传类）入手，在风格、尺寸、排版等各方面都满足了海报招贴广告的特性。

　　在实现上，采用了双软件（Photoshop+CorelDRAW）的综合运用，帮助学生巩固已学过的软件知识点，活用并熟练软件的操作方法。从而达到对海报招贴广告的深入了解以及对软件操作方法的综合运用。

项目4 设计杂志广告

作为定期出版物，杂志是经过装订、带有封面的刊物，同时杂志也是大类印刷媒体之一。这种媒体形式最早出现在德国，但在当时，杂志和报纸并无太大区别。随着科技的发展和技术与内容要求的不断提高，杂志开始与报纸越来越不一样，其内容也愈加偏重质量和深度。

知识准备

1．杂志广告的特点

杂志的读者群体有其特定性和固定性，所以杂志媒体对特定的人群更具针对性，例如，进行专业性较强的行业信息交流。正是由于这种特点，杂志广告的传播效率相对比较精确。同时，由于杂志大多为月刊和半月刊，注重对内容质量的打造，所以杂志比报纸的保存时间也要长很多。

杂志广告在设计时所依据的规格主要是参照杂志的样本和开本进行版面划分，并且由于杂志一般会选用质量较好的纸张进行印刷，所以画面图像的印刷工艺精美、还原效果好、视觉形象清晰，如图4-1～图4-3所示。

图 4-1　　　　图 4-2　　　　　　　　图 4-3

2．杂志广告的优势

（1）特定的受众

大多数杂志都是为某个特殊兴趣群体印制的，因此杂志广告具有一定的选择性，可以针对某一群体进行商品或服务的宣传。这样不仅能使广告迅速准确地传播到目标受众，还能够针对目标受众进行系列性的广告宣传。

（2）阅读频率高

电视和广播信息变化快，留存时间短，而杂志的信息量多，保存性非常好，因此杂志中的广告能够被多次阅读，从而加深了受众对广告的印象。此外，广告还可以利用杂志进行收集、发送礼券等活动，很大程度上提高了受众与广告的互动性。

（3）图片精美

杂志的印刷质量相对于报纸要高很多，图片的清晰度非常高，能够很好地展示商品的色彩和质感。此外，光滑细腻的印刷纸也提升了产品的档次。

3．杂志广告的设计要领

杂志的用纸通常会比报纸要好很多，以色彩鲜艳的铜版纸印刷见多，所以杂志广告的设计更加讲究，版面也更加灵活多变。杂志媒体一般会在封二、封三、封底、插页和内页提供广告位置，而版面也有整版、跨版、半版、1/3版、1/4版和1/6版等多种形式。

（1）主题形象明确清晰

相比于其他媒体上刊登的广告，杂志广告的设计师最注重通过视觉化的形象表现在广告中，在画面中塑造出极具感染力的主题形象，充分发挥杂志广告的优势特点，这样做也可以使广告达到精准推介商品和促进销售的目的。一般而言，杂志广告多以展示画面清晰、印刷精美的产品实物原形为主要手段来打动客户，如图4-4～图4-6所示。

图 4-4 　　　　　 图 4-5 　　　　　 图 4-6

（2）版面分割结构合理

封面、封底作为杂志广告的设计重点，其创意应遵循单纯而集中的原则，画面的背景环境设计既要衬托出主题形象，还要注重标题的组合设计，保证广告信息的层次清晰且能有效地传达给受众。

（3）风格统一色彩柔和

在现代杂志广告设计中，风格和色彩上注重视觉效果的整体统一性是最显著的特点，广告内容的传达要具备整体性强、表达清楚和层次分明等特点。设计师在设计过程中，标题、说明文字和图片必须通过合理的组织与编排有机结合在一起，并通过共性和关联因素，使文字和图形深度结合在一起，如图4-7所示。

图　4-7

任务1   设计杂志封面

任务情景

　　《时尚生活》杂志是一本为走在时尚前沿的年轻人准备的资讯类杂志。杂志的主要内容是介绍完美彩妆、流行影视、时尚服饰等信息。本杂志在封面设计上要营造出时尚感和潮流感。

任务分析

　　通过极具现代气息的女性照片和暗棕色调烘托出整体的时尚氛围。通过对杂志名称的艺术处理，表现出时尚感和现代感，通过不同样式的栏目标题表达杂志的核心内容，体现潮流特色。封面中的文字与图形的编排布局相对集中紧凑，使页面布局合理有序。杂志封面的最终效果，如图4-8所示。

图   4-8

操作步骤

Photoshop应用

（1）添加制作光晕效果

　　步骤1　按〈Ctrl+O〉组合键，打开"01图片"素材文件。选择"滤镜"→"宣传"→"镜头光晕"命令，弹出"镜头头晕"对话框，在"光晕中心"选项中拖曳光标设定炫光位置，其他选项的设置，如图4-9所示，单击"确定"按钮，效果如图4-10所示。

图   4-9

图   4-10

　　步骤2　选择"滤镜"→"纹理"→"纹理化"命令，在弹出的对话框中进行设置，如

图4-11所示。单击"确定"按钮，效果如图4-12所示。

图　4-11　　　　　　　　　　　　　　　　图　4-12

（2）调整图片色调

步骤1　选择"图像"→"调整"→"色彩平衡"命令，在弹出的对话框中进行设置，如图4-13所示。单击"确定"按钮，效果如图4-14所示。

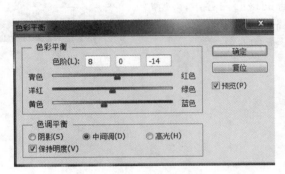

图　4-13　　　　　　　　　　　　　　　　图　4-14

步骤2　选择"图像"→"调整"→"亮度/对比度"命令，在弹出的对话框中进行设置，如图4-15所示。单击"确定"按钮，效果如图4-16所示。选择"图像"→"模式"→"CMYK颜色"命令，转换图像的色彩模式。按<Shift+Ctrl+S>组合键，弹出"储存为"对话框，将制作好的图像命名为"背景"，保存为TIFF格式，单击"确定"按钮，将图像保存。

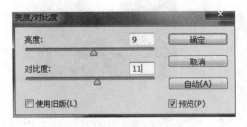

图　4-15　　　　　　　　　　　　　　　　图　4-16

CoreIDRAW应用

（3）添加并编辑标题名称

步骤1　按<Ctrl+N>组合键，新建一个页面，在属性栏"纸张宽度和高度"选项中分别设置宽度为210mm，高度为285mm，如图4-17所示，按<Enter>键确认操作，页面尺寸显示为设置的大小，如图4-18所示。

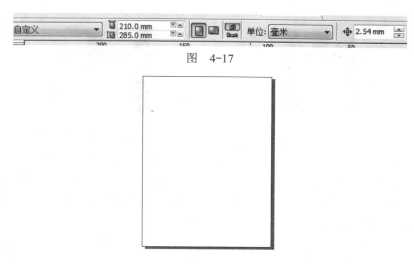

图　4-17

图　4-18

步骤2　打开"封面文本"文件，选取并复制记事本文档中的杂志名称"时尚生活"，如图4-19所示。选择"文本"工具，在页面顶部单击插入光标，按<Ctrl+V>组合键，将复制的文字粘贴到页面中。

步骤3　选择"挑选"工具，在属性栏中选择合适的文体和文字大小，按<Enter>键确认操作，如图4-20所示。

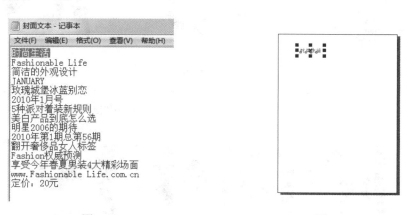

图　4-19　　　　　　　　　　　图　4-20

步骤4　选择"挑选"工具，选取文字，按<Ctrl+O>组合键，将文字转换为曲线。放大视图的显示比例。选择"形状"工具，用圈选的方法将需要的节点同时选取，按<Delete>键将其删除，效果如图4-21所示。

步骤5　　选择"刻刀"工具，确认属性栏中"成为一个对象"按钮和"剪切时自动闭合"按钮均未被选中，分别在"活"图形适当的位置上单击两下鼠标，将图形分割。按<Esc>键，取消选取状态。选择"挑选"工具，选取分割后的下半部分图形，选择"形状"工具，用圈选的方法将需要的节点同时选取，按<Delete>键将其删除，效果如图4-22所示。

图　4-21　　　　　　　　　　　　　图　4-22

步骤6　　选择"文本"→"插入字符"命令，弹出"插入字符"对话框，在对话框中按需要进行设置并选择需要的字符，如图4-23所示。拖曳字符到图形上适当的位置并调整大小，将其填充为黑色，去除字符图形的轮廓线，如图4-24所示。再次单击字符图形，使其处于旋转状态，旋转图像到适当的角度，效果如图4-25所示。

图　4-23　　　　　　　图　4-24　　　　　　　图　4-25

步骤7　　选择"挑选"工具，在数字键盘上按<+>键，复制一个字符图形。拖曳图形到适当的位置并调整其大小，旋转图形到适当的角度，效果如图4-26所示。

图　4-26

步骤8　　选择"挑选"工具，用圈选的方法将图形同时选取，按<Ctrl+G>组合键将其群组，如图4-27所示。

平面设计与制作

时尚生活

图 4-27

　　步骤9　　选择"渐变填充"工具 ，弹出"渐变填充方式"对话框，在"类型"选项中将"线性""角度"和"边界"选项数值均设为0，单击"双色"单选按钮，"从"选项颜色的CMYK值设置为0、60、100、0，"到"选项颜色的CMYK值设置为0、0、100、0，"中点"选项的数值设置为50，如图4-28所示。单击"确定"按钮，填充图形，填充效果如图4-29所示。

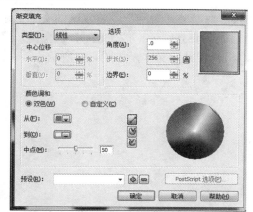

图 4-28

时尚生活

图 4-29

　　步骤10　　选取并复制记事本文档中的文字"Fashionable Life"，将复制的文字粘贴到页面中，如图4-30所示。选择"挑选"工具 ，在属性栏中选择适当的字体并设置文字大小，拖曳文字到适当的位置，效果如图4-31所示。在"CMYK调色板"中的"黄"色块上单击，填充文字，杂志名称效果，如图4-32所示。

图 4-30

图 4-31

时尚生活

图 4-32

步骤11　按<Ctrl+I>组合键，弹出"导入"对话框，选择"背景.tif"文件，单击"导入"按钮，在页面中单击导入图片，按<P>键，将图片在页面中居中对齐。按两次<Shift+PageDown>组合键将其置后，效果如图4-33所示。

（4）添加并编辑栏目名称

步骤1　分别选取并复制记事本文档中杂志的期刊号、月份和部分栏目名称。选择"文本"工具 ，在页面中单击插入光标，分别将复制的文字粘贴到封面页中。选择"挑选"工具 ，分别在属性栏中选择合适的字体并设置文字的大小。选取期刊号文字"2010年1月号"，在"CMYK调色板"中的"洋红"色块上单击，填充文字的颜色，将月份和栏目名称填充为白色，效果如图4-34所示。

图　4-33

步骤2　选取并复制记事本文档中的标题栏目"5种派对着装新规则"，将复制的文字粘贴到封面页中，选择"文本"工具 ，选取文字"5"，如图4-35所示。按<Ctrl+X>组合键，将文字剪切。在适当的文字上单击插入光标，按<Ctrl+V>组合键粘贴文字，如图4-36所示。

图　4-34　　　　　　　　　　图　4-35　　　　　　　　　　图　4-36

步骤3　选择"文字"工具 ，选取文字"5"，在属性栏中选择合适的字体并设置文字大小。在"CMYK调色板"中的"洋红"色块上单击，填充文字，文字效果，如图4-37所示。选择"挑选"工具 ，选取文字"种派对着装新规则"，在属性栏中选择合适的字体并设置文字大小，填充文字为白色，效果如图4-38所示。选择"挑选"工具 ，分别调整文字到适当的位置，效果如图4-39所示。

步骤4　分别选取并复制记事本文档中的部分标题栏目，分别将复制的文字粘贴到封面页中适当的位置。选择"挑选"工具 ，分别在属性栏中选择合适的字体并设置文字大小。选取标题栏目"明星2006的期待"，在"CMYK调色板"中的"黄"色块上单击，填充文字。将粘贴到封面页中的3个标题栏目填充为白色，效果如图4-40所示。

步骤5　选择"矩形"工具 ，在适当的位置绘制一个矩形，如图4-41所示。在属性栏中设置该矩形上下左右4个角的"边角圆滑度"的数值均为23，按<Enter>键确认操作。在"CMYK调色板"中的"深砖红"色块上单击，填充图形，并去除图形的轮廓线，效果如图4-42所示。

图　4-37　　　　　　　　　图　4-38　　　　　　　　图　4-39

图　4-40　　　　　　　　　图　4-41　　　　　　　　图　4-42

　　步骤6　选取并复制记事本文档中的标题栏目"Fashion权威预测"，将复制的文字粘贴到封面页中的圆角矩形上并调整其大小。选择"挑选"工具 ，在属性栏中选择合适的字体并设置文字大小，填充文字为白色，文字效果，如图4-43所示。选择"椭圆"工具 ，按住<Ctrl>键的同时拖曳鼠标，在圆角矩形上绘制一个圆形。在"CMYK调色板"中的"黄"色块上单击填充图形，并去除图形的轮廓线，效果如图4-44所示。

　　步骤7　分别选取并复制记事本文档中剩余的栏目名称、杂志网址和价格，分别将复制的文字粘贴到封面页中的右下角处。选择"挑选"工具 ，在属性栏中选择合适的字体并设置文字大小，填充文字为白色，效果如图4-45所示。

图　4-43　　　　　　　　　图　4-44　　　　　　　　图　4-45

（5）制作条码

步骤1　选择"编辑"→"插入条形码"命令，弹出"条码向导"对话框，在各选项中按需要进行设置，如图4-46所示。设置好后，单击"下一步"按钮，在设置区内按需要进行各项设置，如图4-47所示。设置好后，单击"下一步"按钮，在设置区内按需要进行各项设置，如图4-48所示。设置好后，单击"完成"按钮，条码的效果，如图4-49所示。

步骤2　选择"挑选"工具 ，将制作好的条码拖曳到封面页的底部。杂志封面制作完成，效果如图4-50所示。

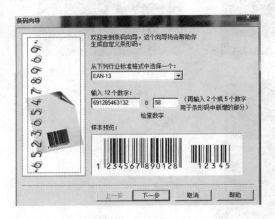

图 4-46

图 4-47

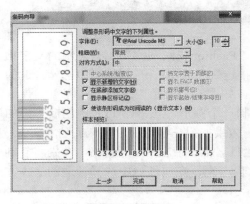

图 4-48

图 4-49

图 4-50

任务2　设计手表杂志广告

任务情景

本例是为手表产品制造商推销设计制作的广告。这一款手表既有休闲感又有时尚感，在广告设计上既要表现出杰出的性能又要体现出尊贵气质的超群象征。

86

任务分析

在设计制作过程中先从背景入手，通过深棕色的背景给人一种成熟、稳重的感觉。通过虚幻的白色蝴蝶展示出画面生动、活泼的一面。通过文字的编排介绍产品的其他相关信息。手表杂志广告的最终效果，如图4-51所示。

图 4-51

Photoshop应用

（1）制作背景效果

步骤1　按<Ctrl+O>组合键，打开"01素材""02素材"文件。选择"移动"工具，将"02素材"拖曳到"01素材"的图像窗口的适当位置，效果如图4-52所示。在"图层"面板中生成新的图层并将其命名为"花纹"。在"图层"面板上方，将"花纹"图层的混合模式设为"柔光"，"不透明"选项设为70%，如图4-53所示。效果如图4-54所示。

图　4-52　　　　　　　　图　4-53　　　　　　　　图　4-54

步骤2　按<Ctrl+O>组合键，打开"03素材"文件。选择"移动"工具，将图片拖曳到图像窗口的中心位置，效果如图4-55所示。在"图层"面板中生成新的图层并将其命名为"手表"。

步骤3　新建图层并将其命名为"光"。选择"椭圆框选"工具，在表盘上拖曳鼠标绘制一个圆形选区，填充选区为白色，如图4-56所示。按<Ctrl+D>组合键取消选区。

步骤4　选择"橡皮擦"工具，在属性栏中单击"画笔"选项右侧的按钮，在弹出的画笔选择面板中选择需要的画笔，如图4-57所示。将"不透明度"选项设为45%，在白色图形上拖曳鼠标擦除图形，按<Ctrl+D>组合键取消选区，效果如图4-58所示。

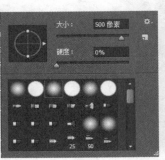

图 4-55　　　　　　　　图 4-56　　　　　　　　图 4-57　　　　　　　　图 4-58

　　步骤5　　按<Ctrl+O>组合键，打开"04素材"文件。选择"移动"工具 ，将指针图形拖曳到表盘的中心位置，如图4-59所示。在"图层"面板中生成新的图层并将其命名为"指针"。

　　步骤6　　单击"图层"面板下方的"添加图层样式"按钮 ，在弹出的菜单中选择"投影"命令，弹出图层样式对话框，将投影颜色设置为黑色，其他选项的设置，如图4-60所示。单击"确定"按钮，效果如图4-61所示。

图 4-59　　　　　　　　　　　　图 4-60　　　　　　　　　　　　图 4-61

　　步骤7　　将前景色设为橘黄色（其R、G、B的值分别为242、194、86），新建图层并将其命名为"皇冠"。选择"自定义形状"工具 ，单击属性栏中的"形状"选项，弹出"形状"面板，单击面板右上方的黑色三角形按钮 ，在弹出的菜单中选择"物体"命令，弹出提示对话框，单击"确定"按钮。在"形状"面板中选择"皇冠2"图形，如图4-62所示。选中属性栏中的"填充像素"按钮 ，在表盘的上方绘制图形，并旋转至适当的角度，效果如图4-63所示。

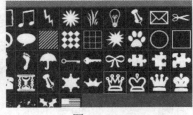

图 4-62　　　　　　　　　　　　图 4-63

步骤8　单击"图层"面板下方的"添加图层样式"按钮 **fx**，在弹出的菜单中选择"投影"命令，在弹出的"图层样式"对话框中进行设置，如图4-64所示。选择"斜面和浮雕"选项，切换到相应的对话框中，将高亮颜色设为橘黄色（其R、G、B的值分别为252、229、131），其他选项的设置，如图4-65所示。单击"确定"按钮，效果如图4-66所示。

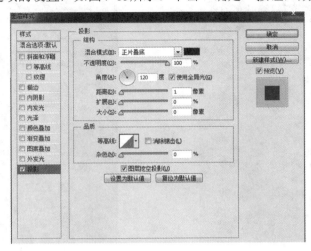

图　4-64

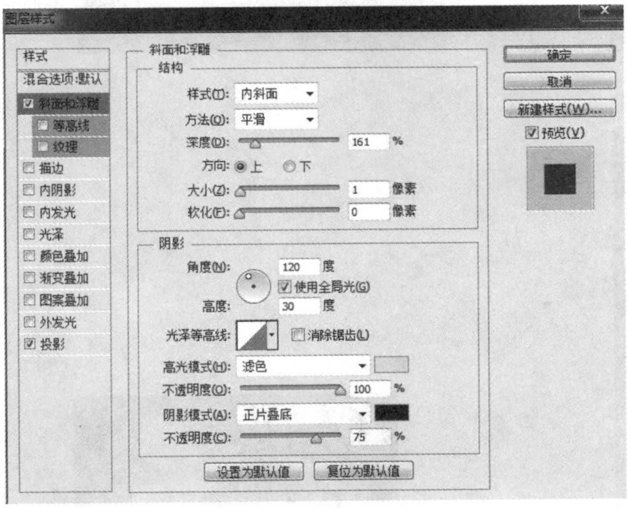

图　4-65

图　4-66

步骤9　按<Ctrl+O>组合键，打开"05素材"文件，选择"移动"工具 ，将蝴蝶图形拖曳到适当的位置，如图4-67所示。在"图层"面板中生成新的图层并将其命名为"蝴蝶"。

步骤10　新建图层并将其命名为"画笔"。选择"画笔"工具 ，单击属性栏中的"切换画笔面板"按钮 ，选择"画笔笔尖形状"选项，在弹出的"画笔笔尖形状"面板中进行设置，如图4-68所示。选择"形状动态"复选框，在弹出的"形状动态"

图　4-67

面板中进行设置，如图4-69所示。选择"散布"复选框，在弹出的"散布"面板中进行设置，如图4-70所示。在图像窗口中拖曳鼠标绘制图形，效果如图4-71所示。

图 4-68

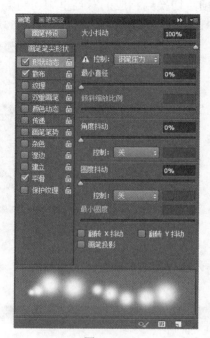

图 4-69

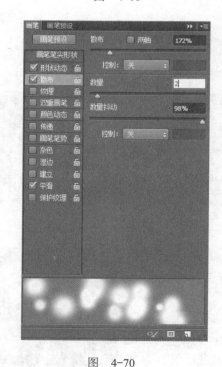

图 4-70

图 4-71

步骤11　单击"图层"面板下方的"添加图层蒙版"按钮■，为"画笔"图层添加蒙版。选择"渐变"工具■，单击属性栏中的"点按可编辑渐变"按钮■■，弹出"渐变编辑器"对话框，将渐变色设为从黑色到白色，如图4-72所示。单击"确定"按钮。按住<Shift>键的同时，在图形上由下至上拖曳渐变色，效果如图4-73所示。单击"蝴蝶"图层组左侧的三角形按钮，将其隐藏。

图　4-72

图　4-73

步骤12　按<Ctrl+Shift+S>组合键，弹出"存储为"对话框，将其命名为"手表广告背景图"，保存图像为TIFF格式，单击"保存"按钮，将图像保存。

CorelDRAW应用

（2）制作标志

步骤1　按<Ctrl+N>组合键，新建一个页面。按<Ctrl+I>组合键，弹出"导入"对话框，选择"手表广告背景图"素材文件，单击"导入"按钮，在页面中单击导入图片，拖曳图片到页面的中心位置，效果如图4-74所示。

步骤2　选择"流程图形状"工具，单击属性栏中的"完美形状"按钮■。在弹出的下拉图形列表中选择需要的图标，如图4-75所示。在页面的左上角绘制出需要的图形，填充图形为白色，并除去图形的轮廓线，效果如图4-76所示。

图　4-74

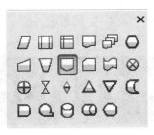

图　4-75

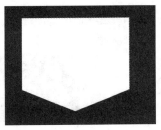

图　4-76

步骤3　选择"挑选"工具🔖，选取白色图形，按住<Shift>键的同时，向内拖曳图形的右上角的控制手柄到适当的位置并单击鼠标右键，等比例缩小并复制图形，设置图形填充色的CMYK值为0、100、100、50，填充图形。选择"形状"工具🔖，用圈选的方法同时选取图形上方的两个节点，按住<Ctrl>键的同时，向下拖曳鼠标到适当的位置，松开鼠标左键，选择"矩形"工具□，绘制一个矩形，设置图形填充色的CMYK值为100、0、4100、50，填充图形，效果如图4-77所示。

步骤4　选择"文本"工具⌨，分别输入需要的文字。选择"挑选"工具🔖，在属性栏中分别选择合适的字体并设置文字大小，设置文字填充色为白色，效果如图4-78所示。选择"挑选"工具🔖，用圈选的方法同时选取白色文字，单击"文本"属性栏中的"粗体"按钮🅱，按<Ctrl+G>组合键将其群组，如图4-79所示。

图 4-77

图 4-78

图 4-79

步骤5　选择"文本"工具⌨，输入需要的文字。选择"挑选"工具🔖，在属性栏中选择合适的字体并设置文字大小，设置文字填充色为白色，并适当调整文字间距，效果如图4-80所示。选择"挑选"工具🔖，选取文字，按<Ctrl+Q>组合键将文字转换为曲线。选择"交互式封套"工具🖐，选取文字上需要的节点，如图4-81所示。拖曳节点到适当的位置，如图4-82所示。松开鼠标左键，效果如图4-83所示。

图 4-80

图 4-81

图 4-82

图 4-83

步骤6　选择"文本"工具⌨，输入需要的文字。选择"挑选"工具🔖，在属性栏中选择合适的字体并设置文字大小，设置文字填充色为白色，并适当调整文字间距。选择"挑选"工具🔖，选取需要的文字，单击"文字"属性栏中的"粗体"按钮🅱，使用"文本"工具⌨再次输入需要的白色文字，效果如图4-84所示。

图 4-84

（3）添加广告标语

步骤1　选择"文本"工具 ，在页面的下方输入需要的文字。选择"挑选"工具 ，在属性栏中选择合适的字体并设置文字大小，设置文字填充色为白色，效果如图4-85所示。使用"文本"工具 再次输入需要的白色文字，效果如图4-86所示。

图　4-85

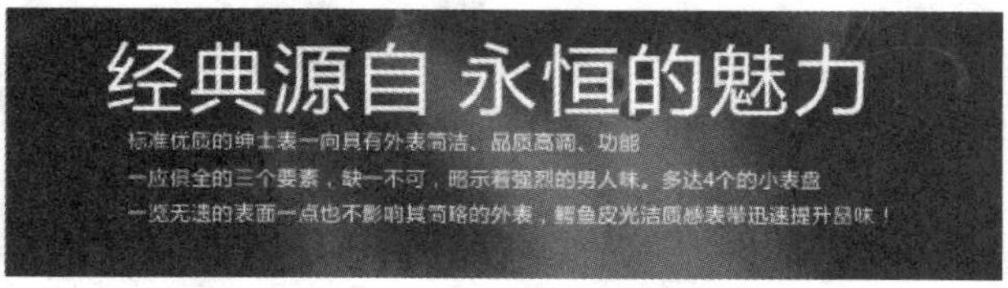

经典源自 永恒的魅力

图　4-86

步骤2　选择"挑选"工具 ，选取需要的文字。选择"文本"→"段落化格式"命令，弹出"段落化格式"对话框，单击"间距"选项后的三角形图标 ，在弹出的下拉列表中设置"行"选项的值为141.175%，如图4-87所示。按<Enter>键确认操作，效果如图4-88所示。

图　4-87

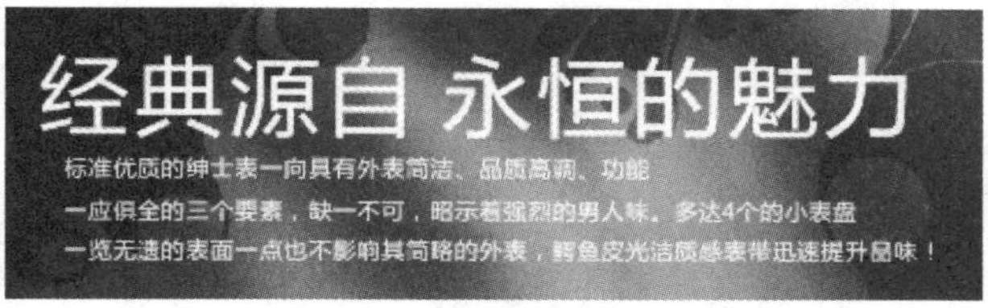

经典源自 永恒的魅力

图　4-88

步骤3　单击文本属性栏中的"水平对齐"，在弹出的下拉列表中选择"居中"选项，如图4-89所示，文字效果，如图4-90所示。按<Esc>键取消文字的选取状态。手表广告制作完成，效果如图4-91所示。

图　4-89

图　4-90

图　4-91

拓展任务——设计杂志中的节日促销海报

在Photoshop中，使用图层混合模式改变图片的显示效果，使用"图层样式"命令为人物图片添加阴影效果。在CorelDRAW中，使用"文本"工具添加广告标题和其他文字效果，使用"交互式阴影"工具为文字添加阴影效果，使用"星形"工具、"矩形"工具和"轮廓笔"对话框添加装饰图形。节日促销海报的最终效果，如图4-92所示。

图　4-92

本项目主要是完成设计制作两个杂志广告任务，在任务上进行了精细挑选，从杂志的封面设计以及杂志内页的设计来进行详细的任务制作讲解，在风格、尺寸、排版等各方面都满足了杂志广告的特性，区分了杂志封面和内页，在设计上运用了不同的方法，呈现了不同的效果。

在实现上，采用了双软件（Photoshop+CorelDRAW）的综合运用，帮助学生巩固已学过的软件知识点，活用并熟练软件的操作方法。从而达到对杂志广告的深入了解以及对软件操作方法的综合运用。

项目5　设计DM直邮广告

DM直邮广告是一种具备个人资讯功能并通过DM 的媒体形式进行邮寄投递，进而为产品扩大客群的广告。DM是英文Direct Mail的缩写，意味着直接、快速，简而言之，DM可以视为一种直接有效的广告宣传手法，并且认知广度更高、耗费成本更低，DM广告的出现，也为广告只宣传品牌形象和产品提供了一个非常实用的高效广告载体。

 知识准备

1. DM直邮广告的特点

（1）范围广

DM直邮广告大多通过邮寄或派发的形式传播给受众，是一种主动的传播方式。和其他广告依靠特定的广告媒介不同，DM直邮广告的传播范围不会受到传播媒介的限制，因此传播范围非常广阔。

（2）自由高度

DM广告可以自由选择目标群体，广告传播的精准度较高，能够在短时间内迅速将大量的广告传播到特定的群体中，从经济的角度上讲，大大降低了广告的成本。此外，DM广告可以根据需要自由调整广告的信息量。

（3）形式多样

DM直邮广告的形式有许多种，既可以做成折页也可以做成宣传册。外观形状上除了常见的方形、矩形外，还可以做成菱形、花形等多种形状，这样可以增加广告对读者的吸引力，从而使读者多次阅读，如图5-1和图5-2所示。

图　5-1　　　　　　　　　　　　　　　　图　5-2

2. DM直邮广告的传播方式

1）店内派送：一般在新品或促销信息上档前两天，由客户服务部门组织专员在店内派送。

　　2）街头派送：一般由广告赞助委托活动公司组织数量庞大的专职人员在商圈、车站、十字路口等人流较大的繁华地点进行发放。

　　3）上门投递：组织专门人员或委托邮政机构将DM投放到与产品对位的目标客户群的家中。

　　4）夹报发放：将广告夹在当地媒体发行的报纸中进行发放传播。

　　5）邮寄投放：通过特定渠道获取客户名单，并按照名单上的地址信息邮寄给相关会员。

　　3．DM直邮广告的设计要领

（1）易读易懂

　　DM直邮广告的标题与说明文字要尽量用易读易懂的语句来表现。目的是让人一目了然地熟悉DM广告的主要内容，如图5-3和图5-4所示。

图 5-3　　　　　　　　　　　　　　　　图 5-4

（2）新奇独特

　　DM直邮广告的形状样式多种多样，例如，折叠方法有对折、三折等多种方式。设计师可以根据折叠的方式设计出许多新奇的样式，但一定要便于读者拆阅，如图5-5～图5-7所示。

图 5-5　　　　　　　　图 5-6　　　　　　　　图 5-7

（3）明确对象

　　DM是一种将广告信息直接投递给读者的广告，它的目标对象是已经确定的，这就需要设计师根据目标对象的年龄、性别、职业等特点，有针对性地进行广告的设计与制作，以此来提升DM广告信息的准确性，让受众对象更明确。

任务1 设计婴儿食品广告

 任务情景

　　本任务是为婴儿食品公司设计制作的食品推销广告。在广告设计上要求通过色彩的搭配体现出健康的感觉。通过图形和文字倾斜营造出强烈的视觉效果，使产品主题突出。

 任务分析

　　在设计制作过程中先从背景入手，通过使用叶子图形和艺术处理的文字体现出自然健康之感。通过产品图片的展示增加广告效果的真实感。通过文字的编排，更详细地介绍产品的特点和功效。整个设计简单大方，颜色清爽明快，易使人产生购买欲望。婴儿食品广告的最终效果，如图5-8所示。

图　5-8

 操作步骤

Photoshop应用

（1）制作背景图

　　步骤1　按<Ctrl+N>组合键，新建一个文件：宽度为29.7cm，高度为21cm，分辨率为72像素/英寸，颜色模式为RGB，背景内容为白色，单击"确定"按钮。

　　步骤2　选择"渐变"工具 ，单击属性栏中的"点按可编辑渐变"按钮 ，弹出"渐变编辑器"对话框，将渐变色设为从浅黄色（其R、G、B的值分别为255、247、175）到黄色（其R、G、B的值分别为255、204、20），如图5-9所示，单击"确定"按钮。按住<Shift>键的同时，在图像窗口中从上至下拖曳渐变色，效果如图5-10所示。

图　5-9　　　　　　　　　　　　　　　　图　5-10

步骤3　新建图层并将其命名为"圆形"。将前景色设为白色。选择"画笔"工具，在属性栏中单击"画笔"选项右侧的按钮，弹出画笔选择面板，选择需要的画笔形状，将"硬度"选项设为100%，如图5-11所示。在属性栏中适当调整画笔笔触的大小和不透明度，在图像窗口中单击鼠标绘制图像，效果如图5-12所示。

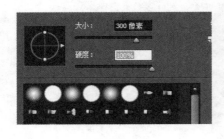

图　5-11　　　　　　　　　　　　　　　　图　5-12

（2）制作产品底图

步骤1　单击"图层"面板下方的"创建新组"按钮，生成新的图层组并将其命名为"产品"。新建图层并将其命名为"圆角矩形"。选择"圆角矩形"工具，选中属性栏中的"填充像素"按钮，将"圆角半径"设为96px，在图像窗口中拖曳鼠标绘制图形，效果如图5-13所示。

步骤2　按<Ctrl+T>组合键，在图形周围出现控制手柄，单击鼠标右键，在弹出的快捷菜单中选择"扭曲"命令，拖曳左侧的两个控制手柄，使图形扭曲变形，按<Enter>键确认操作，效果如图5-14所示。

图 5-13

图 5-14

步骤3 按住<Ctrl>键的同时，单击"圆角矩形"图层的缩览图，图形周围生成选区。新建图层并将其命名为"圆角描边"。将前景设为橙色（其R、G、B的值分别为255、69、20）。

步骤4 选择"矩形选框"工具，在选区内单击鼠标右键，在弹出的快捷菜单中选择"描边"命令，在弹出的"描边"对话框中进行设置，如图5-15所示。单击"确定"按钮，按<Ctrl+D>组合键取消选区，效果如图5-16所示。

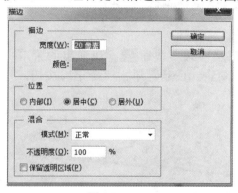

图 5-15

图 5-16

步骤5 单击"图层"面板下方的"添加图层样式"按钮<i>fx.</i>，在弹出的菜单中选择"投影"命令，在弹出的对话框中进行设置，如图5-17所示。单击"确定"按钮，效果如图5-18所示。

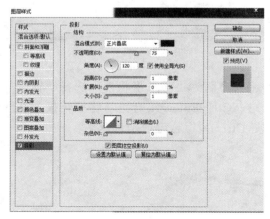

图 5-17

图 5-18

（3）添加图片和介绍文字

步骤1　按<Ctrl+O>组合键，打开01图片素材文件。选择"移动"工具 ，将图片拖曳
到图像窗口中适当的位置，效果如图5-19所示。在"图层"面板中生成新的图层将其命名
为"图片"。

图　5-19

步骤2　单击"图层"面板下方的"添加图层样式"按钮 fx ，在弹出的菜单中选择
"投影"命令，在弹出的对话框中进行设置，如图5-20所示。单击"确定"按钮，效果如
图5-21所示。

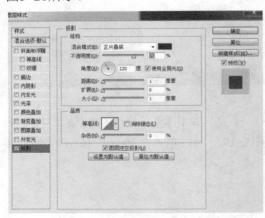

图　5-20

图　5-21

步骤3　将前景色设为白色。新建图层并将其命名为"叶子形状"。选择"钢笔"工
具 ，在图像窗口绘制路径，如图5-22所示。按<Ctrl+Enter>组合键将路径转换为选区，
按<Alt+Delete>组合键，用前景色填充选区，按<Ctrl+D>组合键取消选区。

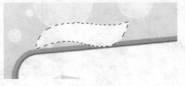

图　5-22

步骤4　单击"图层"面板下方的"添加图层样式"按钮 **fx**，在弹出的菜单中选择"投影"命令，弹出对话框，将阴影颜色设为橘黄色（其R、G、B的值分别为255、120、0），其他选项的设置，如图5-23所示。单击"确定"按钮，效果如图5-24所示。

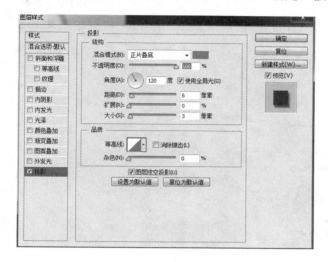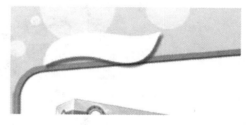

图　5-23　　　　　　　　　　　　　　　　图　5-24

步骤5　将"叶子形状"图层拖曳到"图层"面板下方的"创建新图层"按钮 ▣ 上进行复制，生成新的图层"叶子形状 副本"。选择"移动"工具 ▸⊕ ，在图像窗口中将复制出的副本图像拖曳到适当的位置，双击"叶子形状 副本"的"图层效果"，在打开的"投影"选项组中进行设置，如图5-25所示。单击"确定"按钮，图像效果，如图5-26所示。

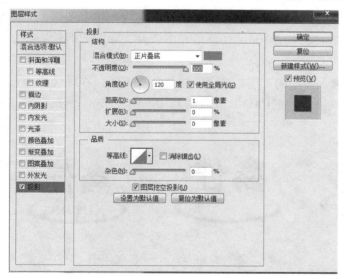

图　5-25　　　　　　　　　　　　　　　　图　5-26

步骤6　按<Ctrl+Shift+E>组合键合并可见图层。按<Ctrl+Shift+S>组合键，弹出"存储为"对话框，将其命名为"婴儿食品广告背景图"，保存图像为TIFF格式，单击"保存"按钮，将图像保存。

CorelDRAW应用

步骤1　按<Ctrl+N>组合键，新建A4页面。单击属性栏中的"横向"按钮▭，页面显示为横向页面。按<Ctrl+I>组合键，弹出"导入"对话框，选择"婴儿食品广告背景图"素材文件，单击"导入"按钮，在页面中单击导入图片。选择"挑选"工具�，将图片拖曳到适当的位置，效果如图5-27所示。

图　5-27

步骤2　选择"文本"工具字，在页面中的左上方输入需要的文字。选择"挑选"工具▨，在属性栏中选取适当的字体并设置文字大小。设置文字颜色的CMYK值为100、0、100、50，填充文字，效果如图5-28所示。

步骤3　选择"贝塞尔"工具▨，在页面中适当的位置绘制一个不规则闭合图形，如图5-29所示。设置图像颜色的CMYK值为100、0、100、50，填充图像并去除图形的轮廓线，效果如图5-30所示。

步骤4　选择"文本"工具字，输入需要的文字。选择"挑选"工具▨，在属性栏中选取适当的字体并设置文字大小。设置文字颜色的CMYK值为100、0、100、50，填充文字，效果如图5-31所示。

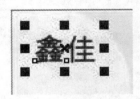

图　5-28　　　　　　图　5-29　　　　　　图　5-30　　　　　　图　5-31

步骤5　选择"贝塞尔"工具▨，在页面中适当的位置绘制一条曲线，如图5-32所示。选择"文本"工具字，输入需要的文字。选择"挑选"工具▨，在属性栏中选取适当的字体并设置文字大小。设置文字颜色的CMYK值为0、100、100、20，填充文字，效果如图5-33所示。选择"文本"工具字，选取文字"我的"，在属性栏中设置文字大小，如图5-34所示。

平面设计与制作

步骤6 选择"文本"→"使文本适当路径"命令，将文字拖曳到路径上，文本绕路径排列，单击鼠标，选择"形状"工具，单击选取文字"养"的节点，向左拖曳文字到适当的位置，如图5-35所示。

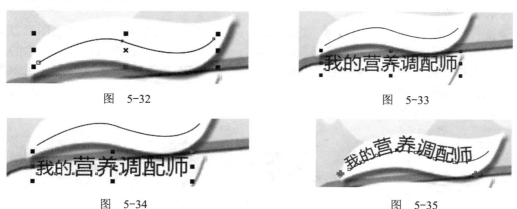

图 5-32

图 5-33

图 5-34

图 5-35

步骤7 单击选取文字"调"的节点，向左拖曳文字到适当的位置，如图5-36所示。使用相同的方法，分别拖曳文字"配师"的节点到适当的位置，效果如图5-37所示。选择"挑选"工具，选取曲线，在"无填充"按钮上单击鼠标右键去除轮廓线，效果如图5-38所示。使用上述所讲的方法制作路径文字，效果如图5-39所示。

图 5-36

图 5-37

图 5-38

图 5-39

步骤8 选择"椭圆形"工具，按住<Ctrl>键的同时，分别绘制两个同心正圆形，选择"挑选"工具，使用圈选的方法将刚绘制的同心圆同时选取，按<Ctrl+L>组合键将其结合。在"CMYK调色板"中的"深黄"色块上单击鼠标左键，填充图形并去除图形的轮廓线。

步骤9 选择"椭圆形"工具，按住<Ctrl>键的同时，在页面的适当位置绘制一个正圆形，在"CMYK调色板"中的"深黄"色块上单击鼠标右键，填充图形轮廓线。在属性栏中的"轮

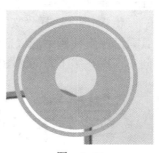

图 5-40

廓宽度" 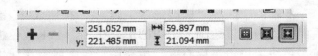 文本框中设置数值为2mm，按<Enter>键确认操作，效果如图5-40所示。

步骤10 选择"贝塞尔"工具，在页面中适当的位置绘制一个不规则闭合图形，如图5-41所示。在"CMYK调色板"中的"橘红"色块上单击鼠标左键，填充图形并去除图形的轮廓线，效果如图5-42所示。

步骤11 选择"挑选"工具，选取图形，按住<Shift>键的同时向内拖曳图形右上角的控制手柄到适当的位置并单击鼠标右键，复制一个图形。在"CMYK调色板"中的"深黄"色块上单击鼠标右键，填充图形轮廓线，并在"无填充"按钮上单击鼠标，去除图形的填充色。在属性栏中的"轮廓宽度" 文本框中设置数值为1mm，按<Enter>键确认操作，效果如图5-43所示。

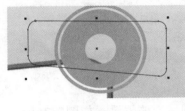

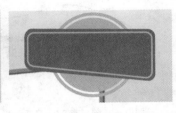

图 5-41　　　　　　　　图 5-42　　　　　　　　图 5-43

步骤12 选择"文本"工具，输入需要的文字。选择"挑选"工具，在属性栏中选取适当的字体并设置文字大小，如图5-44所示。选择"形状"工具，向左拖曳文字下方的图标，调整文字的间距，如图5-45所示。在"CMYK调色板"中的"蓝紫"色块上单击鼠标左键，填充文字，效果如图5-46所示。

图 5-44　　　　　　　　图 5-45　　　　　　　　图 5-46

步骤13 选择"挑选"工具，选取文字，拖曳下边中间位置的控制手柄，将文字拖曳到适当的位置，选择"交互式封套"工具，控制鼠标左键，向下拖曳右下角的控制节点，单击下边中间的控制节点，按<Delete>键将其删除，效果如图5-47所示。

步骤14 选择"交互式轮廓图"工具，在文字上拖曳光标，为文字添加轮廓化效果。在属性栏中将"填充色"选项颜色设为白色，其他选项的设置如图5-48所示。按<Enter>键确认操作，效果如图5-49所示。

步骤15 选择"文本"工具，在页面中适当的位置输入需要的文字。选择"挑选"工具，在属性栏中选取适当的字体并设置文字大小，如图5-50所示。选择"形状"工具，向左拖曳文字下方的图标，调整文字的间距。

营养米粉

图 5-47

	x: 251.052 mm	59.897 mm	
	y: 221.485 mm	21.094 mm	

图 5-48

营养米粉

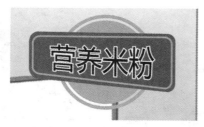

图 5-49

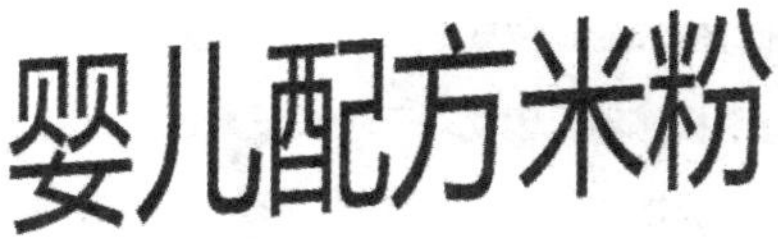
婴儿配方米粉

图 5-50

步骤16　选择“挑选”工具，选取文字，向左拖曳右边中间位置的控制手柄，将文字拖曳到适当的位置，在“CMYK调色板”中的“蓝紫”色块上单击鼠标，填充文字。再次单击文字，使文字处于旋转状态，拖曳右上角的控制手柄，将文字旋转到适当的位置，效果如图5-50所示。

步骤17　选择“交互式阴影”工具，在图形中由上至下拖曳光标，为图形添加阴影效果。属性栏中的设置如图5-51所示。按<Enter>键确认操作，效果如图5-52所示。

预设...
x: .0 mm
y: .0 mm
-90
80
5

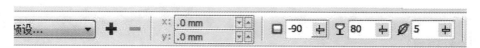

图 5-51

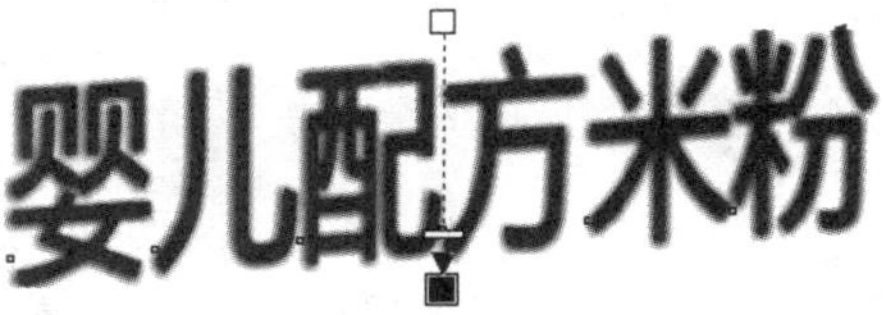
婴儿配方米粉

图 5-52

步骤18　选择“贝塞尔”工具，在页面中适当的位置分别绘制两个不规则图形，如图5-53所示。在“CMYK调色板”中的“橘红”色块上单击鼠标，填充图形并去除图形的轮廓线，效果如图5-54所示。

步骤19　选择“文本”工具，在页面中适当的位置输入需要的文字。选择“挑选”工具，在属性栏中选取适当的字体并设置文字大小。在“CMYK调色板”中的“红”色块上单击鼠标，填充文字，效果如图5-55所示。

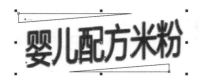

婴儿配方米粉

图 5-53

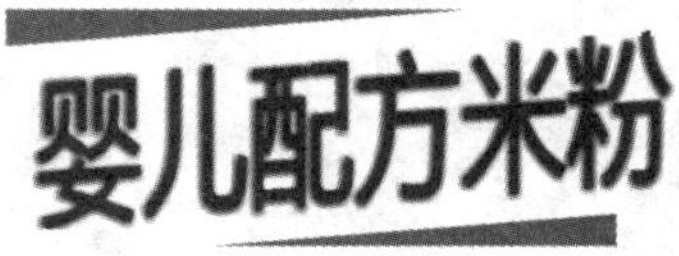
婴儿配方米粉

图 5-54

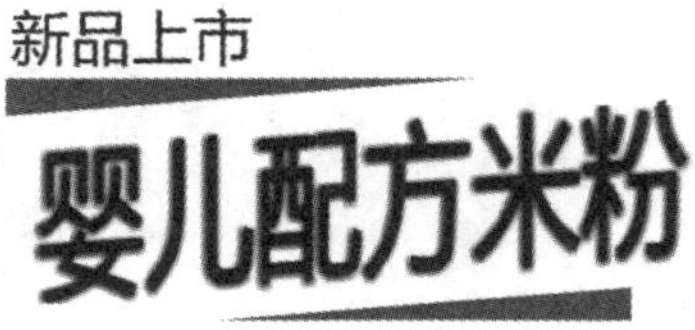
新品上市
婴儿配方米粉

图 5-55

步骤20　选择“文本”工具，在页面中适当的位置输入需要的文字。选择“挑选”工具，在属性栏中选取适当的字体并设置文字大小，选择“形状”工具，向下拖曳文字下方的图标，调整文字的行距，如图5-56所示。婴儿食品广告制作完成，效果如图5-57所示。

鑫佳婴儿配方米粉含有接近母乳含量的游离核苷酸。核苷酸是母乳中的重要物质，是细胞生长的重要成分，对婴儿的免疫系统有积极作用。因此对于生长发育迅速的婴儿极为重要。

鑫佳婴儿配方米粉特别添加牛磺酸；母乳中的牛磺酸是婴儿大脑和视网膜发育的重要成分。

图　5-56　　　　　　　　　　　　　　　　　图　5-57

任务2　设计摄像产品广告

任务情景

摄像产品主要针对的客户是喜欢记录精彩生活的DV爱好者。在宣传单设计上要通过产品图片展示出摄像机强大的功能和便捷的使用方法，同时要体现出产品的时尚感和现代感。

任务分析

通过人物图片和网格状线形的背景，表现出摄像机的科技感和生活化。使用产品图片显示摄像机的款式，点明宣传主体。使用不同的介绍性图片，展示摄像机强大的功能和便捷的操作方法。使用文字介绍摄像机的特性和优势。摄像产品广告的最终效果，如图5-58所示。

图　5-58

操作步骤

Photoshop应用

（1）制作背景效果

步骤1　按<Ctrl+N>组合键，新建一个文件：宽为21cm，高为29cm，分辨率为300像素/英寸，颜色模式为CMYK，背景内容为透明。将背景色设为橘黄色（其C、M、Y、K的值分别为0、73、99、0），按<Ctrl+Delete>组合键，用背景色填充"背景"图层，效果如图5-59所示。按<Ctrl+O>组合键，打开"素材01"文件，效果如图5-60所示。

图　5-59

图　5-60

步骤2　选择"移动"工具 ，将图片拖曳到图像窗口中的适当位置，如图5-61所示。在"图层"面板中生成新的图层并将其命名为"人物"。在"图层"面板中将"人物"图层的"填充"选项设为50%，图像效果，如图5-62所示。

图　5-61

图　5-62

步骤3　单击"图层"面板下方的"创建新图层"按钮 ，生成新的图层并将其命名为"红色矩形"。选择"矩形选框"工具，在图像窗口中绘制出选区，如图5-63所示。将前景色设为深红色（其C、M、Y、K的值分别为27、91、100、31），按<Alt+Delete>组合键，用前景色填充"红色矩形"图层，按<Ctrl+D>组合键，取消选区，效果如图5-64所示。

图　5-63

图　5-64

步骤4　单击"图层"面板下方的"添加图层蒙版"按钮█，为"红色矩形"图层添加蒙版。选择"渐变"工具█，单击属性栏中的"点按可编辑渐变"按钮█████，弹出"渐变编辑器"对话框，将渐变色设为由黑色到白色，单击"确定"按钮。单击属性栏中的"径向渐变"按钮█，在图像窗口中由上至下拖曳渐变色，编辑状态，如图5-65所示。松开鼠标，效果如图5-66所示。

图　5-65

图　5-66

步骤5　按<Ctrl+Shift+E>组合键，合并可见图层。按<Ctrl+S>组合键，弹出"存储为"对话框，将其命名为"底图"，保存图像为TIFF格式，单击"确定"按钮，将图像保存。

CorelDRAW应用

（2）绘制背景网格

步骤1　按<Ctrl+N>组合键，新建一个页面，在属性栏的"纸张宽度和高度"选项中分别设置宽度为210mm，高度为290mm，按<Enter>键确认操作，页面尺寸显示为设置的大小，如图5-67所示。

步骤2　按<Ctrl+I>组合键，弹出"导入"对话框，选择之前所完成的摄像产品宣传单设计底图，单击"导入"按钮，在页面中导入图片，按<P>键，图片在页面中居中对齐，如图5-68所示。

图 5-67   图 5-68

步骤3 选择"图纸"工具，在属性栏中的"图纸行和列数" 文本框中分别设置数值为6和8，如图5-69所示，按<Enter>键确认设置。在页面中按住鼠标左键不放，沿对角拖曳出网格图形，效果如图5-70所示。设置轮廓线颜色的CMYK值为0、25、80、0，填充轮廓线的颜色，效果如图5-71所示。

步骤4 双击"矩形"工具 □，绘制一个与页面大小相等的矩形。选择"挑选"工具 ，选取网格图形，选择"效果"→"图框精确剪裁"→"放置在容器中"命令，鼠标的光标变为黑色箭头形状，在矩形上单击，将其置入到矩形中，效果如图5-72所示。

图 5-69

图 5-70   图 5-71   图 5-72

步骤5 选择"效果"→"图框精确剪裁"→"编辑内容"命令，按<Shift>键的同时拖曳右上方的控制手柄，将其置入的网格图形等比例调大，如图5-73所示。选择"效果"→"图框精确剪裁"→"结束编辑此层次"命令，完成对置入图形的编辑，并去除图形的轮廓线，效果如图5-74所示。

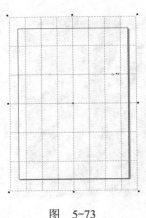

图 5-73

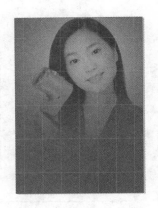

图 5-74

（3）导入并编辑宣传图片

步骤1 选择“文本”工具，在页面中输入需要的文字，选择“挑选”工具，在属性栏中选择合适的字体并设置文字大小，填充文字为白色，效果如图5-75所示。选择“形状”工具，向右拖曳文字下的图标，调整文字的间距，如图5-76所示，松开鼠标左键，微调字幕“S”和“D”的节点到适当的位置，文字效果，如图5-77所示。

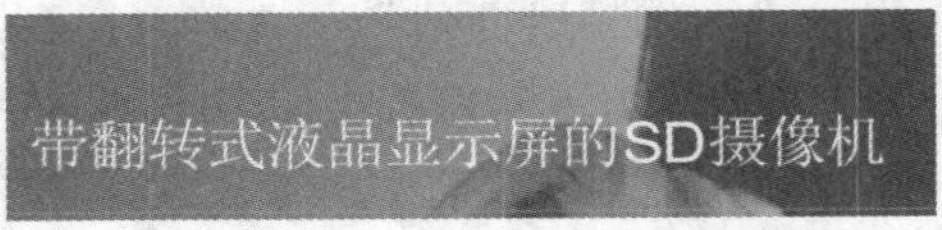

带翻转式液晶显示屏的SD摄像机

图 5-75

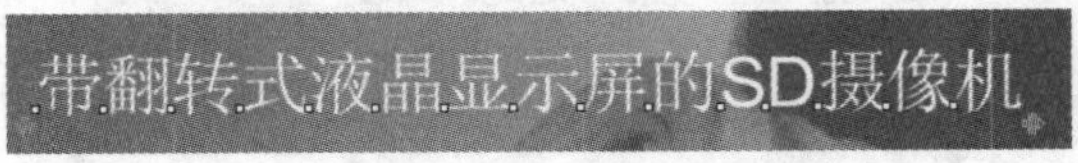

带翻转式液晶显示屏的SD摄像机

图 5-76

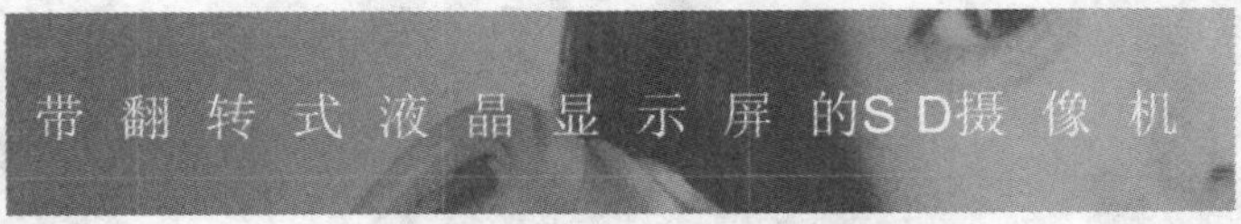

带 翻 转 式 液 晶 显 示 屏 的S D摄 像 机

图 5-77

步骤2 选择“矩形”工具，在页面中绘制一个矩形。在属性栏中设置该矩形上下左右4个角的“边角圆滑度”的数值均为17，如图5-78所示。按<Enter>键确认操作，效果如图5-79所示。

步骤3 选择“挑选”工具，按<Ctrl+I>组合键，弹出“导入”对话框，选择“素材02”文件，单击“导入”按钮，在页面中单击导入图片，如图5-80所示。

17
34
34
34
发丝

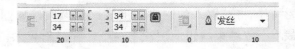

图 5-78

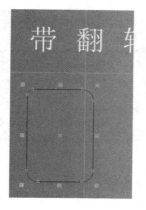

图　5-79　　　　　　　　　　　　　图　5-80

步骤4　按<Ctrl+PageDown>组合键，将其置后一层，并调整到适当的位置，效果如图5-81所示。选择"效果"→"图框精确剪裁"→"编辑内容"命令，鼠标的光标变为黑色箭头形状，在圆角矩形上单击，将导入的图片置入到圆角矩形中，并去除图形的轮廓线，效果如图5-82所示。

步骤5　选择"矩形"工具 ，在页面中绘制一个矩形，在属性栏中设置该矩形上下左右4个角的"边角圆滑度"的数值均为17，效果如图5-83所示。选择"挑选"工具 ，按数字键盘上的<+>键，复制一个新的圆角矩形，按住<Ctrl>键的同时水平向右拖曳圆角矩形到适当的位置，效果如图5-84所示。按住<Ctrl>键的同时连续单击2次<D>键，按需要绘制出两个图形，效果如图5-85所示。

图　5-81　　　　　　　　　图　5-82　　　　　　　　　图　5-83

图　5-84

图 5-85

步骤6 按<Ctrl+I>组合键，弹出"导入"对话框，选择"素材03"文件，单击"导入"按钮，在页面中单击导入图片，效果如图5-86所示。

步骤7 选择"排列"→"顺序"→"在后面"命令，鼠标的光标变为黑色箭头形状，在圆角矩形上单击，将导入的图片置入到圆角矩形后面，效果如图5-87所示。

图 5-86   图 5-87

步骤8 选择"挑选"工具，调整图片到适当的位置，效果如图5-88所示。选择"效果"→"图框精确剪裁"→"放置在容器中"命令，鼠标的光标变为黑色箭头形状，在圆角矩形上单击，将导入的图片置入到圆角矩形中，并去除图形的轮廓线，效果如图5-89所示。使用相同的方法，制作出如图5-90所示的效果。

图 5-88   图 5-89

图 5-90

步骤9 选择"挑选"工具 ，用圈选的方法将制作好的图片全部选取，单击属性栏中的"对齐和属性"按钮，弹出"对齐与分布"对话框，各项设置，如图5-91所示。单击"应用"按钮，将图片居中对齐。单击"分布"选项卡，在弹出的相应对话框中进行设置，如图5-92所示。单击"应用"按钮，效果如图5-93所示。

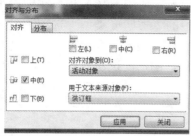 

图 5-91　　　　　　　　　　　　　　　图 5-92

图 5-93

（4）添加介绍性文字和产品

步骤1 选择"矩形"工具 ，在页面中绘制一个矩形，效果如图5-94所示。选择"渐变填充"工具 ，弹出"渐变填充"对话框，在"类型"选项中选择"线性"，"角度"和"边界"选项数值均设为0，单击"双色"单选按钮，"从"选项颜色的CMYK值设置为25、100、75、0，"到"选项颜色的CMYK值设置为0、0、100、0，"中点"选项的数值设置为60，如图5-95所示。单击"确定"按钮，填充图形，并填充轮廓线为白色，效果如图5-96所示。

图 5-94

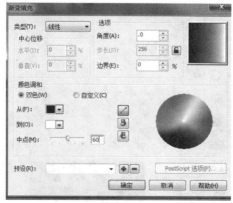

图 5-95

图　5-96

步骤2　选择"交互式透明"工具 🍷，鼠标的光标变为酒杯形状，在图形上由左至右水平拖曳鼠标，为图形添加透明效果。在属性栏中的"透明度类型"选项下拉列表中选择"线性"，"透明中性点"选项的数值设置为100，"渐变透明角度和边界"选项数值分别设置为0和42，如图5-97所示。按<Enter>键确认操作，图形的透明效果，如图5-98所示。

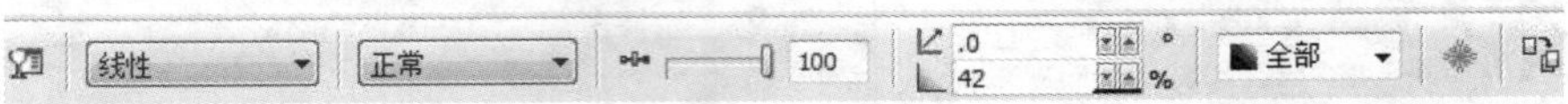

| 🔲 | 线性 ▾ | 正常 ▾ | ▪━ 100 | ∟ .0 ▾ ° | ▪ 全部 ▾ | ✳ ⬚ |
| | | | | 42 ▾ % | | |

图　5-97

图　5-98

步骤3　选择"文本"工具 字，在页面中输入需要的文字，选择"挑选"工具 ▨，在属性栏中选择合适的字体并设置文字大小，填充文字为白色，效果如图5-99所示。

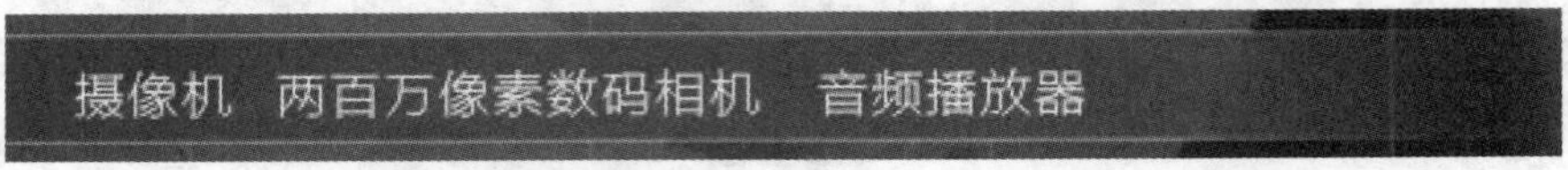

　　摄像机　两百万像素数码相机　音频播放器

图　5-99

步骤4　选择"文本"工具 字，在需要插入字符的位置上单击，插入光标，如图5-100所示。选择"文本"→"插入字符"命令，弹出"插入字符"对话框，在对话框中按需要进行设置并选择需要的字符，如图5-101所示。单击"插入"按钮，将字符插入。选中插入的字符，如图5-102所示。在属性栏中设置适当的大小，按<Enter>键确认操作，效果如图5-103所示。

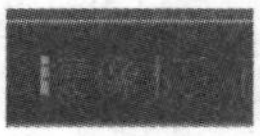

图　5-100　　　　　图　5-101 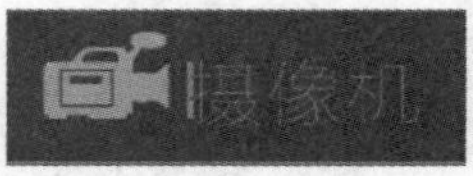　　　　　图　5-102 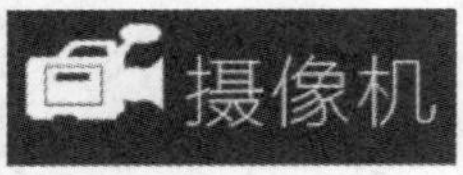　　　　　图　5-103

平面设计与制作

步骤5 使用相同的方法制作出如图5-104所示的效果。按<Shift>键的同时单击渐变条和文字，将其同时选取，按<E>键进行水平居中，效果如图5-105所示。

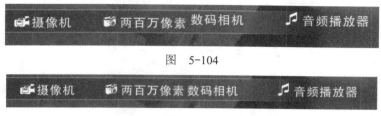

图 5-104

图 5-105

步骤6 选择"文件"→"导入"命令，弹出"导入"对话框，选择"素材07"文件，单击"导入"按钮，在页面中单击导入图片，调整图片到适当的位置，如图5-106所示。

图 5-106

步骤7 选择"挑选"工具，向下拖曳图片上方中间的控制手柄，并在适当的位置上单击鼠标右键，复制一张图片，松开鼠标，效果如图5-107所示。

步骤8 选择"交互式透明"工具，鼠标的光标变为酒杯形状，在图片上由上至下拖曳鼠标，为图片添加透明效果，如图5-108所示。在属性栏中的"透明度类型"选项下拉列表中选择"线性"，"透明中心点"选项的数值设置为100，"渐变透明角度和边界"选项数值分别为设置为-90.0和30，如图5-109所示，按<Enter>确认操作键，图片的透明效果，如图5-110所示。

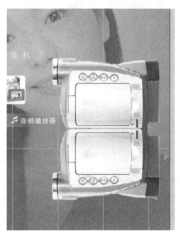

图 5-107

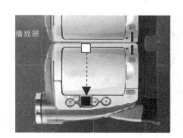

图 5-108

图 5-109

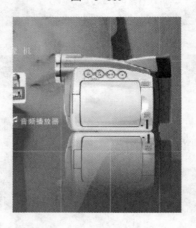

图 5-110

步骤9　选择"文本"工具字，在页面中输入文字，选择"挑选"工具，在属性栏中选择合适的字体并设置文字大小，用适当的颜色填充文字，效果如图5-111所示。保持文字的选取状态，单击文字，使其处于选中状态，如图5-112所示。选中文字上方中间的控制手柄向右拖曳到适当的位置，将文字倾斜，效果如图5-113所示。

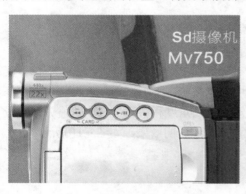

图 5-111

图 5-112

图 5-113

（5）制作宣传语

步骤1　选择"文本"工具字，在页面中输入文字，选择"挑选"工具，在属性栏中选择合适的字体并设置文字大小，填充文字为白色，效果如图5-114所示。

步骤2　选择"文本"工具字，在页面中输入文字，选择"挑选"工具，在属性栏中选择合适的字体并设置文字大小，填充文字为黑色，效果如图5-115所示。

步骤3　选择"挑选"工具，按数字键盘上的<+>键复制文字，设置文字的颜色的CMYK值为0、0、100、0，填充文字，效果如图5-116所示。微调黄色文字到适当的位置，效果如图5-117所示。

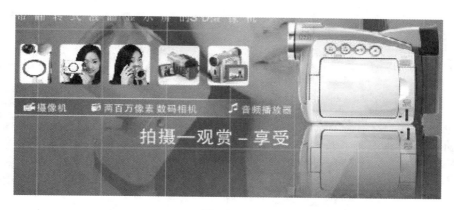

图 5-114

图 5-115

图 5-116   图 5-117

步骤4   选择"贝塞尔"工具 ，在页面中绘制一个不规则的图形，如图5-118所示。选择"渐变填充"工具 ，在"类型"选项中选择"线性"，"角度"和"边界"选项数值分别设为90和0，单击"双色"单选按钮，"从"选项颜色的CMYK值设置为0、60、100、0，"到"选项颜色的CMYK值设置为0、0、100、0，"中点"选项的数值设置为50，如图5-119所示。单击"确定"按钮，填充图形，并去除图形的轮廓线，效果如图5-120所示。

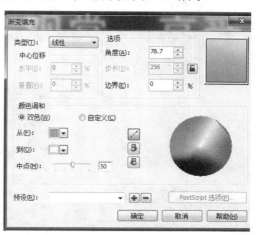

图   5-118   图   5-119

图 5-120

步骤5 选择"效果"→"图框精确剪裁"→"放置在容器中"命令，鼠标的光标变为黑色箭头形状，在黄色文字上单击，将不规则图形置入黄色文字中，效果如图5-121所示。

图 5-121

步骤6 选择"交互式填充"工具 ，按住<Ctrl>键的同时在文字上由下方至上方垂直拖曳鼠标，为文字添加渐变效果。在属性栏中的"填充类型"选项的下拉列表中选择"线性"，渐变色的CMYK值设置为由0、0、100、0到"白"色，"中点"设置为50，"喷泉式填充角度和边界"选项数值分别设置为-90.0和18，如图5-122所示。按<Enter>键确认设置，文字渐变效果，如图5-123所示。

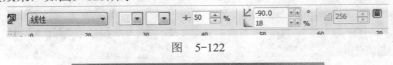

图 5-122

图 5-123

（6）绘制记忆卡图形

步骤1 选择"矩形"工具 ，在属性栏中的"边角圆滑度" 文本框中设置"右上角矩形的边角圆滑度"的数值为50，如图5-124所示。在页面中绘制一个圆角矩形，效果如图5-125所示。设置图形颜色的CMYK的值为100、50、0、0，填充图形，并去除图形的轮廓线，如图5-126所示。

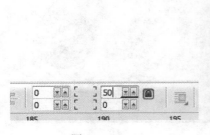

图 5-124

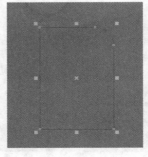

图 5-125

图 5-126

步骤2　选择"矩形"工具 ▢，在属性栏中的"边角圆滑度" ▦▦▦▦ 文本框中设置"左上角矩形的边角圆滑度"和"右上角矩形的边角圆滑度"的数值均为50。在页面中绘制一个圆角矩形，填充图形为黑色，效果如图5-127所示。

图　5-127

步骤3　选择"交互式透明"工具 ▨，鼠标的光标变为酒杯形状，在图形上由上至下拖曳鼠标，为图形添加透明效果。在属性栏中的"透明度类型"选项下拉列表中选择"线性"，"透明中心点"选项的数值设置为100，"渐变透明角度和边界"选项数值分别设置为-90.0和3，如图5-128所示。按<Enter>键确认操作，图形的透明效果，如图5-129所示。

图　5-128

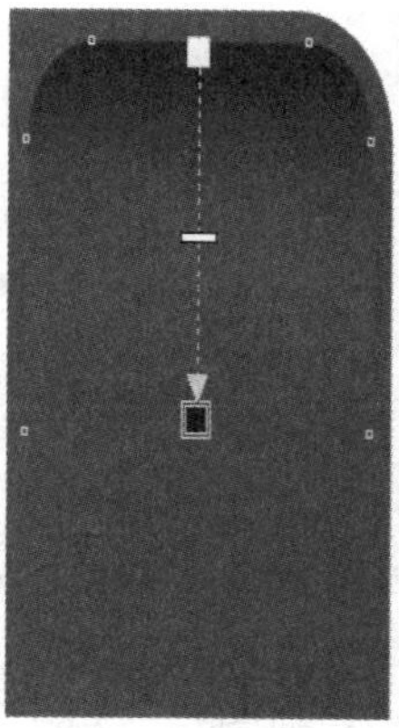

图　5-129

步骤4　选择"手绘"工具 ▨，按住<Ctrl>键的同时绘制一条直线，填充直线为白色，效果如图5-130所示。按住<Ctrl>键的同时垂直向下拖曳直线，并在适当的位置上单击鼠标右键，复制一条直线，效果如图5-131所示。按住<Ctrl>键的同时连续单击<D>键，按需要再绘制出多条直线，效果如图5-132所示。

图　5-130　　　　　　图　5-131　　　　　　图　5-132

步骤5　选择"挑选"工具 ▨，用圈选的方法将直线全部选取，按<Ctrl+G>组合键将其群组。选择"交互式透明工具"工具 ▣，在属性栏中的"透明度类型"选项下拉列表中选择"标准"，"开始透明度"选项数值设置为60，如图5-133所示。按<Enter>键确认操作，效果如图5-134所示。

步骤6 选择"文本"工具 字，在页面中分别输入需要输入的文字。选择"挑选"工具 ，在属性栏中选择合适的字体并设置文字大小，分别用适当的颜色填充文字，并倾斜需要设置的文字，效果如图5-135所示。

图 5-133

图 5-134　　　　　　图 5-135

（7）制作图片的倒影效果

步骤1 按〈Ctrl+I〉组合键，弹出"导入"对话框，同时选择"素材08""素材09""素材10""素材11"和"素材12"文件，单击"导入"按钮，在页面中分别单击导入图片，并调整图片到适当的位置，效果如图5-136所示。

步骤2 选择"挑选"工具 ，选取需要的图片，如图5-137所示。按数字键盘上的〈+〉键复制图片。单击属性栏中的"垂直镜像"按钮 ，垂直翻转复制的图片，效果如图5-138所示。

图 5-136

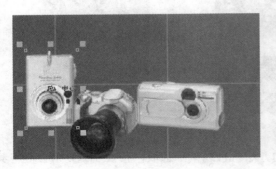

图 5-137

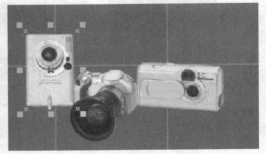

图 5-138

步骤3 按住〈Ctrl〉键的同时垂直向下拖曳图片到适当的位置，效果如图5-139所示。选择"交互式透明"工具 ，在属性栏中单击"复制透明属性"按钮 ，鼠标的光标变为黑色箭头，在"摄像机的倒影"图片上单击，复制透明属性，效果如图5-140所示。

    步骤4   选择"挑选"工具，选取图片，如图5-141所示。按住＜Ctrl＞键的同时垂直向下拖曳图片，并在适当的位置上单击鼠标右键，复制图片，效果如图5-142所示。按住＜Ctrl+PageDown＞组合键，将其置后一层，效果如图5-143所示。使用相同的方法，再制作出其他图片的倒影效果，效果如图5-144所示。

图　5-139　　　　　　　　图　5-140　　　　　　　　图　5-141

图　5-142　　　　　　　　　　　　图　5-143

图　5-144

    步骤5   选择"挑选"工具，选取需要的图片。选择"交互式阴影"工具，在图片的下部由右下方至左上方拖曳鼠标，如图5-145所示。为图片添加阴影效果，松开鼠标，效果如图5-146所示。使用相同的方法制作另一个摄像机的阴影效果，如图5-147所示。

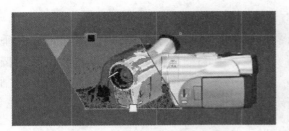

图 5-145

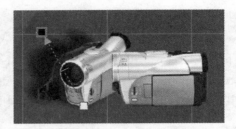

图 5-146

图 5-147

步骤6　选择"文本"工具，在页面中分别输入需要的文字，选择"挑选"工具，在属性栏中选择合适的字体并设置文字大小，分别填充适当的颜色，效果如图5-148所示。

图 5-148

步骤7　选择"贝塞尔"工具，在页面中绘制出一个不规则的线段，如图5-149所示。填充线段为白色，在属性栏中"轮廓宽度" 文本框中设置数值为0.5，按<Enter>键确认设置，效果如图5-150所示。

图 5-149

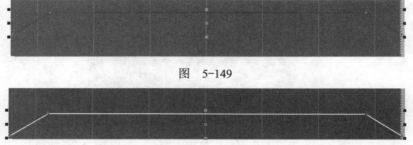

图 5-150

步骤8　选择"文本"工具，在页面中输入需要的文字，选择"挑选"工具，在属性栏中选择合适的字体并设置文字大小，填充文字为白色，效果如图5-151所示。

国合（中国）电器有限公司 客户咨询服务中心：820-811-0682 网址：http://powershor.cn

图 5-151

（8）制作企业标志

步骤1　选择"文本"工具 <u>=</u>，在页面中分别输入需要的文字，选择"挑选"工具 <u>[⬚]</u>，在属性栏中选择合适的字体并设置文字大小，分别用适当的颜色填充文字，效果如图5-152所示。

步骤2　选择"贝塞尔"工具 <u>[⬚]</u>，在文字的右侧绘制一条不规则的曲线，如图5-153所示。选择"椭圆"工具 <u>◯</u>，按住<Ctrl>键的同时拖曳鼠标，在页面中绘制一个圆形，设置图形颜色的CMYK值为100、0、90、40，填充图形，并去除图形的轮廓线，效果如图5-154所示。

图 5-152　　　　　　　　　　　　图 5-153

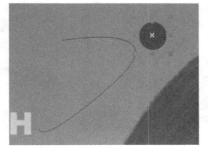

图 5-154

步骤3　选择"挑选"工具 <u>[⬚]</u>，在数字键盘上按<+>键，复制一个新的图形，拖曳复制的图形到适当的位置，并将其缩小，设置图形颜色的CMYK值为0、0、100、0，填充图形，效果如图5-155所示。

步骤4　选择"交互式调和"工具 <u>[⬚]</u>，将鼠标指针从绿色图形上拖曳到黄色图形上，如图5-156所示。在属性栏中的"调和步数" <u>[⬚]</u> 选项中设置数值为6，按<Enter>键确认设置，图形的调和效果，如图5-157所示。

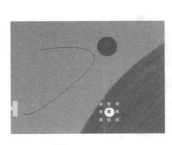

图 5-155　　　　　图 5-156　　　　　图 5-157

步骤5　选择"挑选"工具，选取调和图形，单击属性栏中的"路径属性"按钮，在下拉菜单中选择"新路径"命令，如图5-158所示。鼠标指针变为黑色的弯曲箭头，将弯曲箭头在路径上单击，将图形沿路径进行调和，效果如图5-159所示。

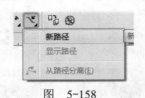

图　5-158　　　　　　　　　　　　图　5-159

步骤6　选择"挑选"工具，选取调和图形，单击属性栏中的"杂项调和选项"按钮，在下拉菜单中勾选"沿全路径调和"复选框，如图5-160所示。调和图形沿路径均匀分布，效果如图5-161所示。选取路径，在"调色板"中的"无填充"按钮上单击鼠标右键，取消路径的填充，效果如图5-162所示。

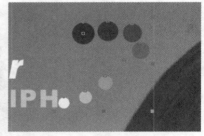

图　5-160　　　　　　　　图　5-161　　　　　　　　图　5-162

步骤7　选择"挑选"工具，用圈选的方法将图形全部选取，按<Ctrl+G>组合键，将其群组，按<Esc>键，取消选取状态。摄像产品广告制作完成，效果如图5-163所示。

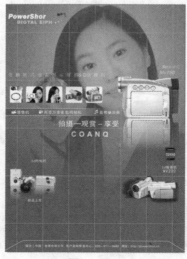

图　5-163

拓展任务——设计楼盘销售广告

在Photoshop中，使用"添加图层蒙版"命令为素材图片添加蒙版，使用"外发光"命令为图片添加发光效果，使用"动感模糊"命令制作动感模糊图像。在CorelDRAW中，使用"导入"命令将背景图导入，使用"文本"工具添加文字效果，使用"绘图"工具绘制标志图形。楼盘销售广告的最终效果，如图5-164所示。

图　5-164

项目小结

　　　　本项目主要是完成设计制作两个DM直邮广告任务，在任务上进行了精细挑选，从现在用的比较多的两大产品类入手（婴儿食品类、电子产品类），在风格、尺寸、排版等各方面都满足了DM直邮广告的特性。

　　　　在实现上，采用了双软件（Photoshop+CorelDRAW）的综合运用，帮助学生巩固已学过的软件知识点，活用并熟练软件的操作方法。从而达到对DM直邮广告的深入了解以及对软件操作方法的综合运用。

项目6　设计户外广告

在现在的商业宣传中，户外广告媒体拥有着无可比拟的宣传优势，其在位置、大小等方面都有着得天独厚的优点。相比较其他广告媒体，户外广告能够吸引更多的人关注，在人流密集的繁华地区，户外广告更能够发挥媒体自身所长。

知识准备

1. 户外广告的特点

（1）独特性

较为常见的户外广告通常为方形或长方形，而有些户外广告的形状需要根据广告实际投放地点的具体环境来决定，使户外广告的外形与周围环境相互协调，产生统一的视觉美感，如图6-1～图6-3所示。

图　6-1　　　　　　　　图　6-2　　　　　　　　图　6-3

（2）提示性

对于行人来说，户外广告就如交通标识一样，能够起到引导视线的作用。简洁有力的画面能够充分引起行人关注，从而提示行人注意户外广告的内容，如图6-4和图6-5所示。

图　6-4　　　　　　　　　　　　图　6-5

（3）简洁性

户外广告和其他广告相比，整个画面都十分简洁。对于街上的行人，尤其是正在驾驶车辆的人来说，视线停留在广告上的时间十分短暂，只有简洁而易懂的画面才能够将广告信息迅速传递给观者，如图6-6～图6-8所示。

图 6-6   图 6-7   图 6-8

2．户外广告的媒体形式

（1）路牌广告

在户外广告中，路牌广告是最具代表性的一类。其特点是设立在市中心的繁华地段，地段越好、行人也就越多，广告所产生的效果也越强。因此，路牌广告的设定环境是马路，其对象是处于动态中的车辆和行人，所以路牌广告的画面多以图文结合的形式出现，且画面醒目、文字精简，在吸引人注意的同时也能够让人一看就懂，具有快速捕捉专注度并造成深刻印象视觉的特点，如图6-9和图6-10所示。路牌广告主要以电动动态路牌广告、大型喷绘广告和民墙广告为主。

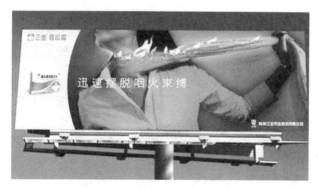 

图 6-9   图 6-10

（2）霓虹灯广告

霓虹灯广告是户外广告中灯光类广告的主要表现形式之一，这种媒体采用一些新型材料和富于变换的灯光效果，来主动吸引路人的注意，从而实现信息的传递。霓虹灯广告通常都会设置在城市建筑的高点，例如，大厦屋顶、商店门面等醒目的位置上。霓虹灯广告在白天能起到路牌广告、招牌广告的作用，夜间则以其鲜艳夺目的色彩变幻效果与城市的夜晚形成鲜明反差，更大程度地吸引人群关注，如图6-11和图6-12所示。

图　6-11　　　　　　　　　　　　　　　　　　图　6-12

（3）公共交通类广告

公共交通类广告（如车身广告）是户外广告中使用频率较高的一种媒体资源，其传递信息的效果更具优势。这类户外广告大多在最初采用传统的油漆绘画形式，但目前已经普遍使用计算机打印裱贴的方法，这种形式也称为"车贴"，如图6-13和图6-14所示。

图　6-13

图　6-14

（4）灯箱广告

灯箱广告、塔柱广告、灯柱、候车亭广告和街头钟广告的媒体特征都是利用灯光把招贴纸、柔性材料、图片照亮，形成单面、双面、三面甚至四面的灯光。这种广告外形美观，视觉效果非常突出，如图6-15和图6-16所示。

图 6-15　　　　　　　　　　　　　　　　图 6-16

（5）其他户外广告

除了上面提到的几种形式，户外广告还有其他多种载体，例如，地面广告、旗帜广告、飞艇广告和充气实物广告等，如图6-17所示。

图 6-17

3．户外广告的设计要领

户外广告的针对目标是移动中的行人或正在驾车的人，所以户外广告在设计时要全面考量视角、距离、环境等人体因素。作为一种室外展示媒体，户外广告的效果受周围因素影响较大，所以在设计中既要充分考虑行人的视觉习惯，还要注意到户外媒体所在的位置及其周边环境可能产生的影响因素，并在设计画面时尽力规避可能受到的不利影响，甚至将周边环境作为有力因素考虑进来。

在户外广告中，图形是最能吸引人们注意力的元素，所以图形设计在户外广告设计中占据着举足轻重的位置。因此，图形设计要尽力达到简洁醒目的效果。图形一般放在画面视觉中心的位置，这样能更便利地抓住观者视线，引导人们进一步阅读广告文案内容，以此激发共鸣，如图6-18和图6-19所示。

图 6-18

图 6-19

任务1   设计MP4音乐播放器广告

任务情景

    本任务是为MP4厂商销售新产品设计并制作的宣传广告。在广告设计上要求通过对产品图片的编辑，展示出MP4强大的音乐功能和清晰的播放特点。

任务分析

    在设计制作过程中先从背景入手，通过背景图展现出产品出众的气质和强大的震撼力，通过音符和产品图片作为宣传主体展示出产品超强的音乐功能，通过对文字的设计形成强烈的视觉冲击，让人印象深刻。MP4音乐播放器广告的最终效果，如图6-20所示。

图 6-20

操作步骤

Photoshop应用

（1）制作背景效果

步骤1　　按<Ctrl+N>组合键，新建一个文件：宽度为29.7cm，高度为21cm，分辨率为

平面设计与制作

300像素/英寸，颜色模式为RGB，背景内容为白色，单击"确定"按钮。

步骤2　选择"渐变"工具，单击属性栏中的"点按可编辑渐变"按钮，弹出"渐变编辑器"对话框，在"位置"选项中分别输入0、60、100三个位置点，分别设置三个位置点颜色的R、G、B值为0（100、212、246），60（9、72、160），100（4、35、89），如图6-21所示，单击"确定"按钮。单击属性栏中的"径向渐变"按钮，按住<Shift>键的同时，从中心向外拖曳变色，效果如图6-22所示。

图　6-21

图　6-22

步骤3　将前景色设为白色。新建图层并将其命名为"羽化圆形"。选择"椭圆选框"工具，在图像窗口中绘制选区，如图6-23所示。

步骤4　选择"选择"→"修改"→"羽化"命令，在弹出的"羽化选区"对话框中进行设置，如图6-24所示，单击"确定"按钮。按<Alt+Delete>组合键，用前景色填充选区，按<Ctrl+D>组合键取消选区，效果如图6-25所示。

图　6-23

图　6-24

图　6-25

步骤5　按<Ctrl+O>组合键，打开"01素材"文件。选择"移动"工具，将发光图片拖曳到图像窗口中适当的位置，效果如图6-26所示。在"图层"面板中生成新的图层并将其命名为"发光图形"，如图6-27所示。

图　6-26　　　　　　　　　　　　　　　　　图　6-27

（2）添加并编辑图片

步骤1　按<Ctrl+O>组合键，打开"02素材"文件，选择"移动"工具，将"雪山"图片拖曳到图像窗口中，如图6-28所示。在"图层"面板中生成新的图层并将其命名为"雪山"。

步骤2　按<Ctrl+O>组合键，打开"03素材"文件。选择"移动"工具，将MP4图片拖曳到图像窗口的右下方，如图6-29所示，在"图层"面板中生成新的图层并将其命名为"MP4"。单击"图层"面板下方的"添加图层蒙版"按钮，为"MP4"图层添加蒙版。

图　6-28　　　　　　　　　　　　　　　　　图　6-29

步骤3　选择"画笔"工具，在属性栏中单击"画笔"选项右侧的按钮，弹出画笔选择面板，选择需要的画笔形状，如图6-30所示。适当调整画笔的大小，在图像窗口中的图片上进行涂抹，效果如图6-31所示。

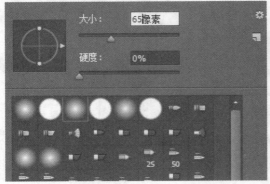

图　6-30　　　　　　　　　　　　　　　　　图　6-31

（3）添加并编辑文字

步骤1　选择"横排文字"工具 T ，分别
输入需要的白色文字，分别选取文字，在属
性栏中选择合适的字体并设置文字的大小，
并分别将文字旋转到适当的角度，如图6-32
所示。在"图层"面板中分别生成新的文字
图层。

步骤2　选中"尽"的文字图层，单击"图
层"面板下方的"添加图层样式"按钮 fx ，在
弹出的菜单中选择"投影"命令，在弹出的对
话框中进行设置，如图6-33所示。单击"确定"按钮，效果如图6-34所示。

图　6-32

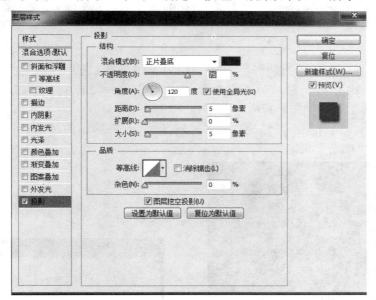

图　6-33

图　6-34

步骤3　在"尽"文字图层上单击鼠标右键，在弹出的快捷菜单中选择"拷贝图层样

式"命令。分别在其他文字图层上单击鼠标右键,在弹出的快捷菜单中选择"粘贴图层样式"命令,图像效果,如图6-35所示。在"图层"面板中,按住<Ctrl>键的同时,选择所有文字图层,按<Ctrl+E>组合键合并图层,并将其命名为"白色文字",如图6-36所示。

图　6-35

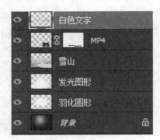
图　6-36

步骤4　按住<Ctrl>键的同时,单击"白色文字"图层的图层缩览图,文字周围生成选区。选择"通道"面板,单击面板下方的"创建新通道"按钮，生成新的通道"Alphal",图像效果,如图6-37所示。

步骤5　选择"选择"→"修改"→"扩展"命令,在弹出的对话框中进行设置,如图6-38所示,单击"确定"按钮。填充选区为白色,按<Ctrl+D>组合键取消选区。

图　6-37

图　6-38

步骤6　选择"滤镜"→"风格化"→"风"命令,在弹出的对话框中进行设置,如图6-39所示,单击"确定"按钮。按两次<Ctrl+F>组合键,重复执行"滤镜"命令,效果如图6-40所示。

步骤7　控制<Ctrl>键的同时,单击"Alphal"通道的通道缩览图,文字周围生成选区。选择"图层"面板,新建图层并将其命名为"渐变文字",将其拖曳到"白色文字"图层的下方,如图6-41所示。

步骤8　选择"渐变"工具，单击属性栏中的"点按可编辑渐变"按钮，弹出"渐变编辑器"对话框,将渐变色设为黄色(其R、G、B的值分别为255、238、0)到红色(其R、G、B的值分别为255、38、0),如图6-42所示,单击"确定"按钮。单击属性栏中的"线性渐变"按钮,按住<Shift>键的同时,在选区中从上至下拖曳渐变色,按<Ctrl+D>组合键取消选区,效果如图6-43所示。

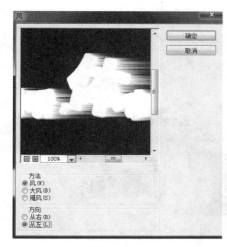

图 6-39

图 6-40

图 6-41

图 6-42

图 6-43

　　步骤9　按住<Ctrl>组合键的同时，单击"渐变文字"图层的缩览图，文字周围生成选区。新建图层并将其命名为"黑色填充"，将"黑色填充"图层拖曳到"渐变文字"图层的下方，如图6-44所示。将选区填充为黑色，按<Ctrl+D>组合键取消选区。

　　步骤10　按<Ctrl+T>组合键，在黑色文字周围出现变换框，在变换框中单击鼠标右键，在弹出的快捷菜单中选择"扭曲"命令，选择变换框上方中间的控制手柄向右拖曳到适当的位置，使文字扭曲变形。按<Enter>键确认操作，效果如图6-45所示。

图　6-44

图　6-45

步骤11　按<Ctrl+O>组合键，打开"04素材"和"05素材"文件，分别将旗子图片和音符图片拖曳到图像窗口中适当的位置，如图6-46所示。在"图层"面板中分别生成新的图层并将其命名为"旗子"和"音符"。

图　6-46

步骤12　按<Ctrl+Shift+E>组合键并可见图层。按<Ctrl+Shift+S>组合键，弹出"存储为"对话框，将其命名为"MP4音乐播放器广告背景图"，保存图像为TIFF格式，单击"保存"按钮，将图像保存。

CorelDRAW应用

（4）添加广告标语

步骤1　按<Ctrl+N>组合键，新建一个页面。在属性栏"纸张宽度和高度"选项中分别设置宽度为430mm、高度为280mm，按<Enter>键确认操作，页面尺寸显示为设置的大小。按<Ctrl+I>组合键，弹出"导入"对话框，选择"音乐播放器广告背景图"素材文件，单击"导入"按钮，在页面中单击导入图片，按<P>键，图片居中对齐页面，效果如图6-47所示。

步骤2　选择"文本"工具字，在页面的左上角输入需要的文字。选择"挑选"工具，在属性栏中选择适合的字体并设置文字大小。在"CMYK调色板"中的"白"色块上单击鼠标，填充文字，效果如图6-48所示。

图 6-47

图 6-48

步骤3 按<Ctrl+Q>组合键，将文字转为曲线。选择"形状"工具，圈选"M"右下角的两个节点，如图6-49所示。拖曳节点到适当的位置，如图6-50所示。

图 6-49

图 6-50

步骤4 选择"文本"工具 字，在适当的位置输入需要的文字。选择"挑选"工具 ，在属性栏中选择合适的字体并设置文字大小。在"CMYK调色板"中的"白"色块上单击鼠标，填充文字，选择"形状"工具 ，选取需要的文字，向左拖曳文字下方的图标，调整文字的间距，效果如图6-51所示。

步骤5 选择"挑选"工具 ，按住<Shift>键的同时，选取需要的文字，如图6-52所示，按<Ctrl+G>组合键将其群组。选择"交互式阴影"工具 ，在文字中从上至下拖曳鼠标，在属性栏中设置，如图6-53所示，效果如图6-54所示。

图 6-51

图 6-52

图 6-53

图 6-54

步骤6　选择"文本"工具 **字**，在页面的右上方输入需要的文字。选择"挑选"工具 ，在属性栏中选择合适的字体并设置文字大小。在"CMYK调色板"中的"白"色块上单击鼠标，填充文字，如图6-55所示。选择"形状"工具 ，选取需要的文字，用鼠标拖曳文字下方的图标，适当调整字间距，效果如图6-56所示。

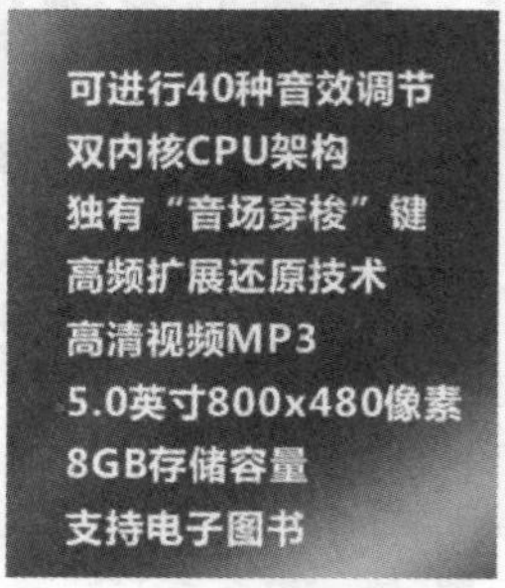

图　6-55 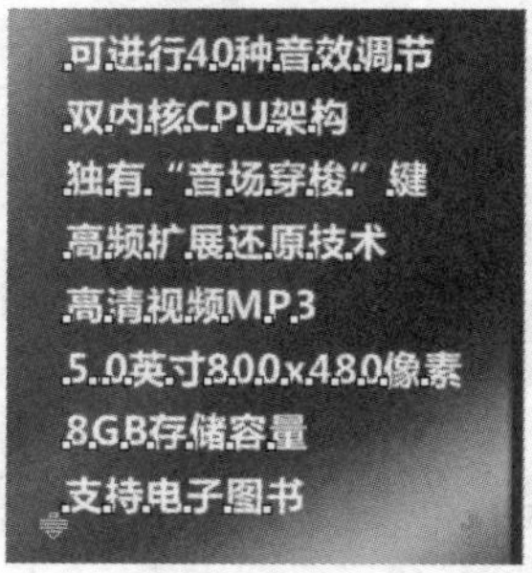　　　　　　　　　　　　　　　　图　6-56

步骤7　选择"椭圆形"工具 ，在绘图页面中适当的位置绘制一个圆形。在"CMYK调色板"中的"白"色块上单击鼠标，填充图形并去除图形的轮廓线，如图6-57所示。用相同的方法制作其他圆形，效果如图6-58所示。MP4音乐播放器广告制作完成，效果如图6-59所示。

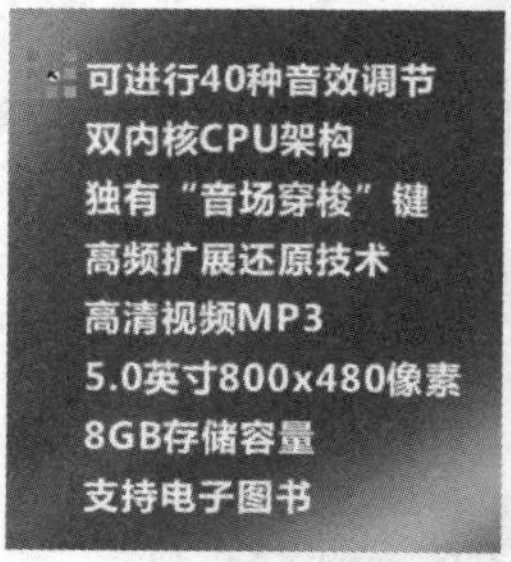

图　6-57 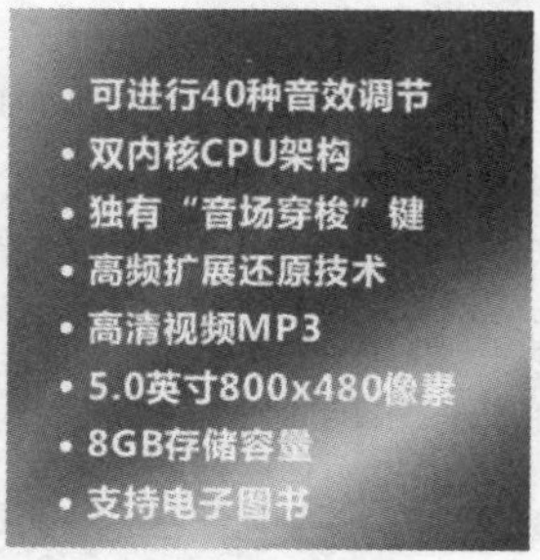　　　　　　　　　图　6-58　　　　　　　　　图　6-59

任务2　设计汽车公司宣传广告

任务情景

本任务是为汽车公司设计制作的宣传广告。这是一辆新式汽车，具有强大的功能。在广告设计上要求通过全新的设计观念展示出汽车梦幻般的速度，诠释出不断进取的理念。

任务分析

在设计制作过程中先从背景入手，通过山谷背景图的使用形成了视觉冲击，通过对产品图片的设计展示出产品的强大震撼力，并配上符合主题的广告语来更好地突显整个海报主题。整个设计简洁大方、清晰明确。汽车广告的最终效果，如图6-60所示。

图　6-60

 操作步骤

Photoshop应用

（1）制作背景效果

步骤1　按<Ctrl+N>组合键，新建一个文件：宽度为43cm，高度为28cm，分辨率为72像素/英寸，颜色模式为RGB，背景内容为白色，单击"确定"按钮。

步骤2　按<Ctrl+O>组合键，打开"01图片"素材文件。选择"移动"工具▶╬，将图片拖曳到图像窗口中并调整大小，效果如图6-61所示。在"图层"面板中生成新的图层并将其命名为"背景图"。

步骤3　单击"图层"面板下方的"创建新的填充或调整图层"按钮，在弹出的菜单中选择"色阶"命令，在弹出的对话框中进行设置，如图6-62所示。按<Enter>键确认操作，效果如图6-63所示，并在"图层"面板中生成"色阶1"图层。

步骤4　按<Ctrl+O>组合键，打开"02图片"素材文件。选择"移动"工具▶╬，将"汽车"图片拖曳到图像窗口并调整大小，效果如图6-64所示。在"图层"面板中生成新的图层并将其命名为"汽车"。

图　6-61

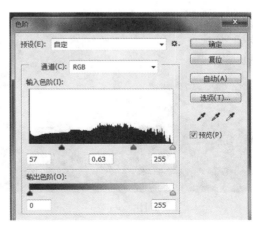

图　6-62

图　6-63　　　　　　　　　　　　　　　　　　　　图　6-64

步骤5　在"图层"面板中将"汽车"图层拖曳到面板下方的"创建新图层"按钮 ⬚ 上进行复制，生成"汽车 副本"图层。选择"滤镜"→"模糊"→"动感模糊"命令，在弹出的对话框中进行设置，如图6-65所示。单击"确定"按钮，效果如图6-66所示。在"图层"面板中将"汽车 副本"图层的"不透明度"选项设为60%，效果如图6-67所示。

图　6-65

图　6-66　　　　　　　　　　　　　　　　　　　　图　6-67

步骤6　按<Ctrl+Shitf+E>组合键并可见图层。按<Ctrl+Shift+S>组合键，弹出"存储为"

对话框，将其命名为"汽车广告背景图"，保存图像为TIFF格式，单击"保存"按钮，将图像保存。

CorelDRAW应用

（2）绘制标志图形

步骤1　按<Ctrl+N>组合键，新建一个页面。在属性栏"纸张宽度和高度"选项中分别设置宽度为430mm，高度为280mm，按<Enter>键确认操作，页面尺寸显示为设置的大小。按<Ctrl+l>组合键，弹出"导入"对话框，选择"汽车广告背景图"素材文件，单击"导入"按钮，在页面中单击导入图片，按<P>键，图片居中对齐页面，效果如图6-68所示。

步骤2　选择"挑选"工具，选取刚导入的图像。选择"位图"→"创造性"→"天气"命令，在弹出的"天气"对话框中进行设置，如图6-69所示。单击"确定"按钮，效果如图6-70所示。

步骤3　选择"椭圆形"工具，在页面中适当的位置绘制一个椭圆形，如图6-71所示。选择"渐变填充"工具，弹出"渐变填充"对话框，单击"自定义"单选按钮，在"位置"选项中分别添加并输入0、46、100三个位置点，单击右下角的"其他"按钮，分别设置3个位置点的颜色的CMYK值为0（100、100、50、10）、46（100、99、50、10）和100（100、20、0、0），其他选项的设置，如图6-72所示。单击"确定"按钮，填充图形并去除图形轮廓线，效果如图6-73所示。

图　6-68

图　6-69

图　6-70

图　6-71

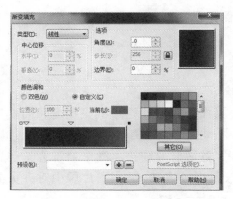

图 6-72　　　　　　　　　　图 6-73

步骤4　选择"位图"→"转换为位图"命令，在弹出的"转换为位图"对话框中进行设置，如图6-74所示。单击"确定"按钮，图形被转换为位图。选择"位图"→"三维效果"→"浮雕"命令，在弹出的"浮雕"对话框中进行设置，如图6-75所示。单击"确定"按钮，效果如图6-76所示。

步骤5　选择"椭圆形"工具○，在适当的位置绘制一个椭圆形。选择"渐变填充"工具■，弹出"渐变填充"对话框，单击"自定义"单选按钮，在"位置"选项中分别添加并输入0、46、100三个位置点，单击右下角的"其他"按钮，分别设置三个位置点颜色的CMYK值为0（100、100、5010）、46（100、99、50、10）和100（100、20、0、0），其他选项的设置，如图6-77所示。单击"确定"按钮，填充图形，效果如图6-78所示。

步骤6　按<F12>键，弹出"轮廓笔"对话框，在"颜色"选项中设置轮廓线的颜色为白色，其他选项的设置，如图6-79所示。单击"确定"按钮，效果如图6-80所示。按数字键盘上的<+>键复制图形，按住<Shift>键的同时，将其按原比例缩小，如图6-81所示。

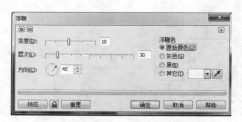

图 6-74　　　　　　　　　　图 6-75

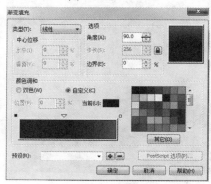

图 6-76　　　　　　　　　　图 6-77

142

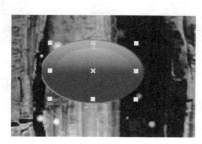

图 6-78

图 6-79

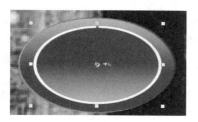

图 6-80

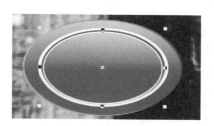

图 6-81

步骤7 选择"渐变填充"工具 ，弹出"渐变填充"对话框，选项的设置，如图6-82所示。单击"确定"按钮，填充图形并去除图形的轮廓线，效果如图6-83所示。

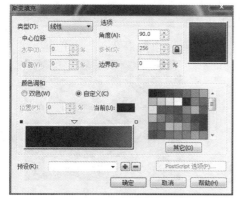

图 6-82

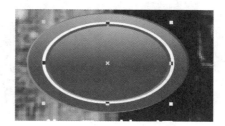

图 6-83

步骤8 选择"文本"工具**字**，在适当的位置输入需要的文字。选择"挑选"工具 ，在属性栏中选择合适的字体并设置文字大小。在"CMYK调色板"中的"白"色块上单击鼠标，填充文字，效果如图6-84所示。选取文字，文字周围出现变换选框，将鼠标指针移动到上方的控制点上，向下拖曳鼠标到适当的位置，缩放文字，效果如图6-85所示。

图 6-84

图 6-85

步骤9 选择"位图"→"转换为位图"命令"，在弹出的"转换为位图"对话框中进行设置，如图6-86所示。单击"确定"按钮，文字被转换为位图。选择"位图"→"三维效果"→"浮雕"命令，在弹出的"浮雕"对话框中进行设置，如图6-87所示。单击"确定"按钮，效果如图6-88所示。

步骤10 选择"文本"工具字，在绘图页面中适当的位置输入需要的文字。选择"挑选"工具，在属性栏中选择合适的字体并设置文字大小。在"CMYK调色板"中的"白"色块上单击鼠标，选择"形状"工具，选取需要的文字，用鼠标拖曳文字右方的图标，调整文字的间距，效果如图6-89所示。

图 6-86

图 6-87

图 6-88

图 6-89

（3）添加广告宣传语

步骤1 选择"文本"工具字，在绘制页面中适当的位置输入需要的文字。选择"挑选"工具，在属性栏中选择合适的字体并设置文字大小。设置文字填充色的CMYK值为100、100、50、10，填充文字。

步骤2 选择"形状"工具，选取需要的文字，用鼠标拖曳文字右方的图标，调整文字的间距，效果如图6-90所示。

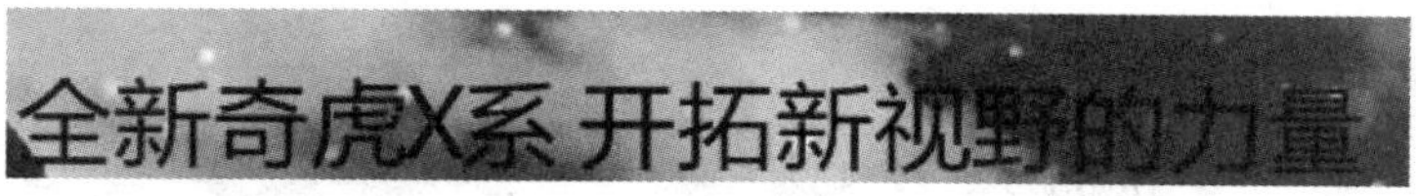

图 6-90

步骤3 选择“文本”工具字，在绘制页面中适当的位置输入需要的文字。选择“挑选”工具，在属性栏中选择合适的字体并设置文字大小。设置文字填充色的CMYK值为100、100、50、10，填充文字，效果如图6-91所示。

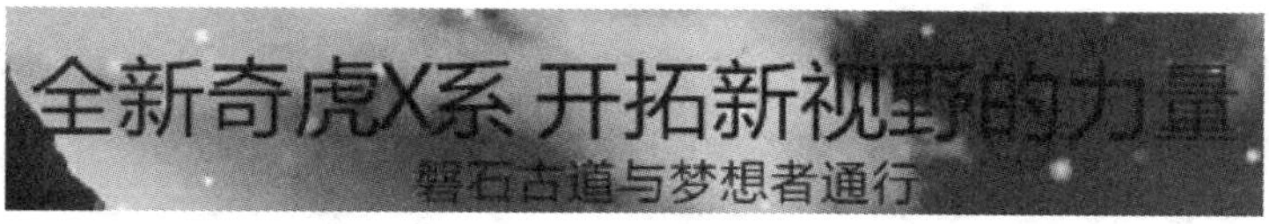

图 6-91

步骤4 选择“贝塞尔”工具，在适当的位置绘制出需要的图形。设置图形填充色的CMYK值为100、100、50、10，填充图形并去除图形的轮廓线，选择“挑选”工具，按住<Ctrl>键的同时，水平向右拖曳图形到适当位置，单击鼠标右键复制图形，效果如图6-92所示。

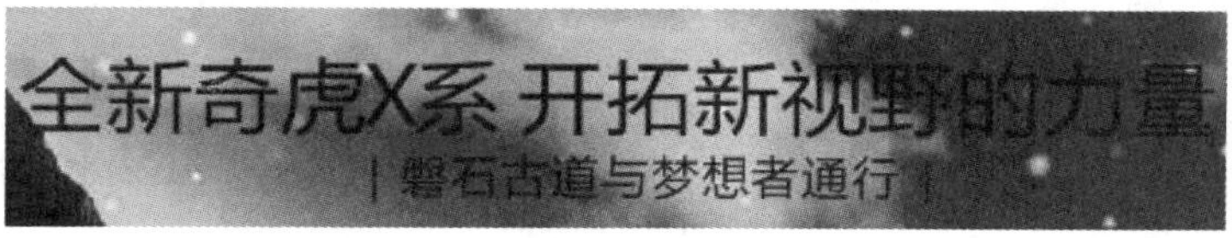

图 6-92

步骤5 选择“挑选”工具，用圈选的方法将输入的文字与图形同时选取，如图6-93所示，按<Ctrl+G>组合键将其群组。按数字键盘上的<+>键复制选取的文字与图形，在“CMYK调色板”中的“白”色块上单击鼠标，填充文字与图形，效果如图6-94所示。

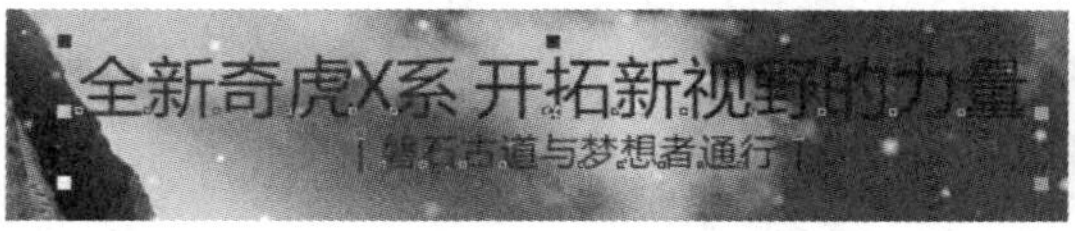

图 6-93

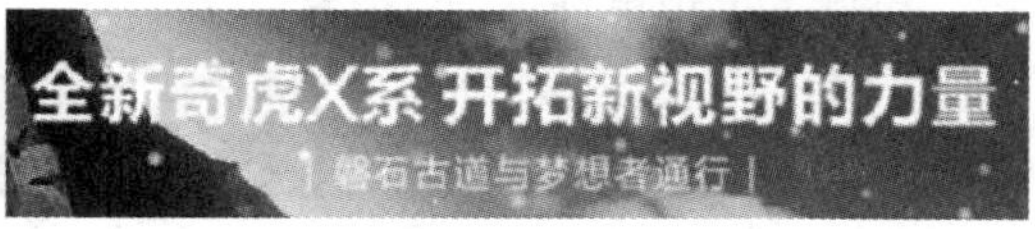

图 6-94

步骤6 选择“位图”→“转换为位图”命令，在弹出的“转换为位图”对话框中进行设置，如图6-95所示。单击“确定”按钮，文字与图形被转换为位图。选择“位图”→“模糊”→“高斯式模糊”命令，在弹出的“高斯式模糊”对话框中进行设置，如图6-96所示。单击“确定”按钮，效果如图6-96所示。

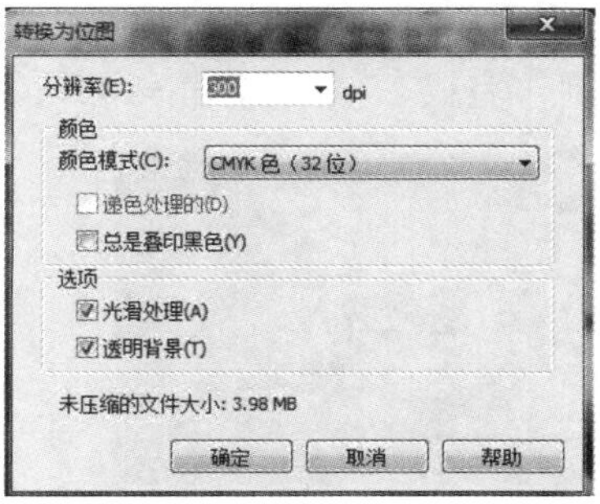

图 6-95

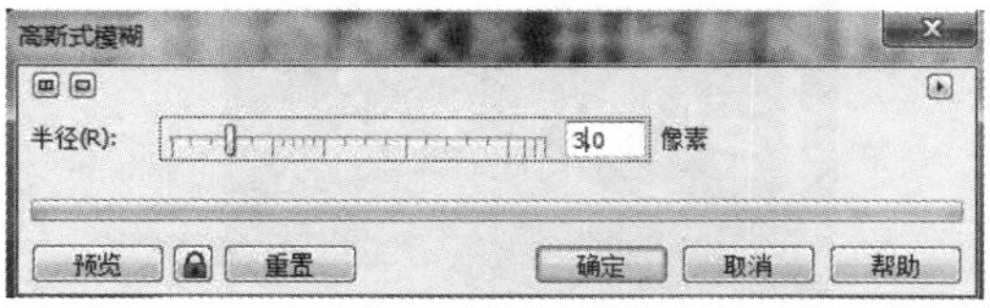

图 6-96

图 6-97

步骤7 按<Ctrl+PageDown>组合键将图像后移一层,选择"挑选"工具 ,选取刚转换的位图,按数字键盘上的<+>键复制图像,效果如图6-98所示。

图 6-98

步骤8 选择"文本"工具 字 ,在适当的位置输入需要的文字。选择"挑选"工具 ,在属性栏中选择合适的字体并设置文字大小,选取需要的文字,文字周围出现变换选框,将鼠标指针移动到上方的控制点上,将鼠标向下拖曳,适当缩放文字,效果如图6-99所示。

图 6-99

步骤9 选择"文本"工具 字 ,在适当的位置分别输入需要的文字。选择"挑选"工具 ,在属性栏中分别选择合适的字体并设置文字的大小,按住<Shift>键的同时,选取需要的文字,按<Ctrl+G>组合键将其群组。按数字键盘上的<+>键复制选取的文字,在"CMYK调色板"中的"白"色块上单击鼠标,填充文字,并将其拖曳到适当的位置,效果如图6-100所示。

图 6-100

步骤10 选择"贝塞尔"工具 ,在适当的位置绘制一个不规则图形。在"CMYK调色板"中的"白"色块上单击鼠标,填充图形并去除图形的轮廓线,如图6-101所示。用相同的方法绘制另一个图形,效果如图6-102所示。汽车广告制作完成,效果如图6-103所示。

图 6-101

图 6-102

图　6-103

 拓展任务——设计饮品店广告

在Photoshop中，使用"自定义形状"工具制作花朵图形，使用投影命令为花朵图形添加阴影效果。在CorelDRAW中，使用"文本"工具和"交互式轮廓线"工具制作标题文字效果，使用"绘图"工具绘制标识图形，使用"文本"工具添加其他文字，使用"交互式阴影"工具为文字添加阴影。饮品店广告的最终效果，如图6-104所示。

图　6-104

项目小结

　　本项目主要是完成设计制作两个户外广告任务，在任务上进行了精细挑选，从现在用的比较多的两大产品类入手（汽车公司宣传类、电子音乐产品宣传类），在风格、尺寸、排版等各方面都满足了户外广告的特性。

　　在实现上，采用了双软件（Photoshop+CorelDRAW）的综合运用，帮助学生巩固已学过的软件知识点，活用并熟练掌握软件的操作方法。从而达到对户外广告的深入了解以及对软件操作方法的综合运用。

项目7 平面设计广告的后期输出

在平面设计作品完成后，应先打印设计稿小样送达客户，由客户提出相应的修改意见，然后对作品内容进行再次调整，并由客户确认稿件，最后进行输出制作和发布。

1. 位图与矢量图

图像文件可以分为两大类：位图图像和矢量图形。在绘图或处理图像过程中，这两种类型的图像可以相互交叉使用。

（1）位图

位图图像也称为点阵图像，它是由许多单独的小方块组成的，这些小方块又称为像素，每个像素都有特定的位置和颜色值，位图图像的显示效果与像素是紧密联系在一起的，不同排列和着色的像素在一起组成了一幅色彩丰富的图像。像素越多，图像的分辨率越高，相应地，图像文件所占的储存空间也会随之增大。

图像的原始效果，如图7-1所示。使用放大镜工具放大后，可以清晰地看到像素的小方块形状与不同的颜色，效果如图7-2所示。

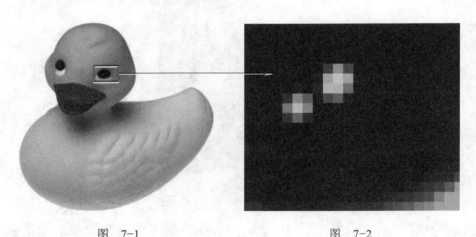

图 7-1   图 7-2

位图与分辨率有关，如果在屏幕上以较大的倍数放大显示图像或以低于创建时的分辨率打印图像，图像就会出现锯齿状的边缘，并且会丢失细节。

（2）矢量图

矢量图也称为向量图，它是一种基于图形的几何特性来描述的图像。矢量图中的各种图形元素称为对象，每一个对象都是独立的个体，都具有大小、颜色、形状和轮廓等特性。

矢量图与分辨率无关，可以将它缩放到任意大小，其清晰度不变，也不会出现锯齿状的边缘。在任何分辨率下显示或打印矢量图都不会损失细节。图形的原始效果与使用放大镜工具放大后的效果相比清晰度不变，效果如图7-3所示。

图　7-3

　　矢量图文件所占的容量较少，但这种图形的缺点是不易制作色调丰富的图像，而且绘制出来的图形无法像位图那样精确地描绘各种绚丽的景象。

　　2．输出分辨率

　　根据平面广告媒体的不同，平面广告在后期输出中的分辨率要求也有很大的区别。一般来说，报纸、喷绘对分辨率的要求比较低，72dpi左右即可满足印刷要求。对于画面质量要求比较高的招贴、DM直邮广告等来说，图片的分辨率不能低于300dpi。

　　3．存储格式

　　为了便于设计师修改，源文件都以软件默认的格式存储，例如，PSD、CDR、AI等。图片在输出时为了最大限度地保留图像的质量，大多采用TIF格式输出，如果使用JPG格式，则尽可能使用较高的压缩率，一般压缩等级不低于10，最好是以最佳的方式来呈现，如图7-4所示。对于矢量格式的文件来说，为了避免文件在其他计算机中打开时出现缺字体的情况，在印刷前还需要将字体转换为曲线。

图　7-4

　　4．色彩设置

　　输出制作文件一般分为两种颜色模式，即CMYK和RGB颜色模式，同一张图片在两种模式下的颜色差异会有很大差别，如图7-5和图7-6所示。RGB颜色模式相对亮度较高、颜色饱和度更加艳丽，适用于计算机屏幕显示。CMYK颜色模式与实际印刷效果更为接近，所以一般用于印刷、喷绘的文件输出，这种颜色模式更接近实际印刷效果。

<table>
<tr><td align="center">RGB颜色模式</td><td align="center">CMYK颜色模式</td></tr>
<tr><td align="center">图　7-5</td><td align="center">图　7-6</td></tr>
</table>

5．印前注意事项

（1）印前校对

在设计稿正式确定之前，应先打印一份小样稿件，并对设计小样中的文字内容、信息及图案效果、版式等进行全面核对。设计师需要负责校对的部分，包括画面、色彩、版式等问题，文字信息等内容的正确性。平面广告创作团队中一般有专职的文案及企划人员进行校对。

（2）备份保存

在设计稿件基本完成后、准备进行后期调整之前，应先将源文件进行备份，再对设计稿进行修改。一般设计师会将调整后的多个设计版本与原有的备份稿件进行对比，最终选择效果最佳的设计作品作为终稿。

（3）调整颜色

因为显示器的色彩模式与印刷的色彩模式有所不同，所以设计师在最后输出制作文件时，需要对画面颜色进行多次对比、调整，尽可能减少显示器中的图像与实际印刷后图像的颜色色差。

（4）确定打印尺寸

在计算机进行最终存档时，根据印刷需要的尺寸对文件进行保存，既方便保存、管理图像，也可以节省磁盘空间，方便制作文件的传输。在平面广告的制作中，一般由客户决定或是广告代理公司根据广告费用预算及实际展示效果提供建议，选择适合的媒体资源实施发布。不同的媒体背景、环境条件，能够产生不同的视觉效果。

6．平面设计完成稿的输出要求

（1）出血线的设置

出血是一个常用的印刷术语，由于在印制完成后要使成品保持整齐美观，因此会对页边进行统一裁切，将不整齐的、多余的部分裁掉。印刷中的出血是指加大成品外尺寸的图案，在裁切位加一些图案的延伸，以避免裁切后的成品露白边或者被裁到内容，如果不加出血，可能会在后期加工中造成误差，从而对整体效果形成破坏。被裁掉的页边也就是出血位，一般会对需要出血的每边多留出3mm，如图7-7和图7-8所示。

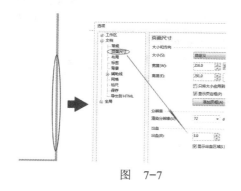

图　7-7

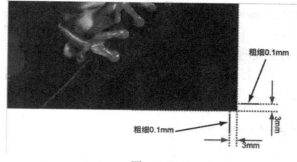

图　7-8

（2）文字输出要求

在正式印刷之前，需要整理设计文件，首先是对文字内容进行校对。经过校对确认文字无误之后，需要对文字进行输出。使用不同的软件，文字的输出也有所差异。如名片、宣传单、招贴等文件，一般都在Photoshop或CorelDRAW中进行编排，完稿之后需要对所有的文字内容进行处理。如果将栅格化的文件交付给印刷部门，很可能因为他们的计算机上没有设计文件中所使用的字体而导致版面效果混乱甚至信息丢失，从而无法印刷。

不同版本的Photoshop软件还存在不兼容的现象。为了保证文件效果，将使用最新版本的软件进行打开、编排。对于已经编好的书籍、杂志等多页出版物，最终审核后将使用InDesign软件编排。由于版面众多，因此通常使用软件中的"打包"命令，将包括字体、图片在内的所有文件全部整理在指定文件夹中，印刷人员收到文件后，将字体安装到计算机中，就可以顺利地打开文件。如图7-9所示。

图　7-9

项目7　平面设计广告的后期输出

151

（3）图片输出要求

设计制作成品的输出像素和尺寸是相对应的，其每种输出尺寸都有着适宜或最佳的像素尺寸，设定适宜的像素尺寸，可让设计作品的输出效果达到最佳状态。

需要打印的图像分辨率一般在300像素以上，以保证图片的清晰度。过低的分辨率会令印刷效果模糊不清，难以识别，导致整个设计的失败，如图7-10所示。用于印刷输出的图像都应该使用CMYK色彩模式，以符合打印机的标准。针对图像输出过程中可能出现的压缩问题，印刷图像最好设置为TIFF格式，以尽量减少图像质量的损失，确保清晰度。虽然JPG格式的图像使用也非常广泛，但如果其压缩比低于8，就会影响到印刷的清晰度。

所以只有按照规定的要求进行，保证高质量的清晰度及色彩效果，才能最终将完美的设计效果呈现得淋漓尽致，如图7-11所示。

图　7-10

图　7-11